圖解

從SELECT句到排序
摘要的基本知識
全部介紹

SQL

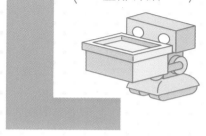

查詢的基礎知識｜以MySQL為例

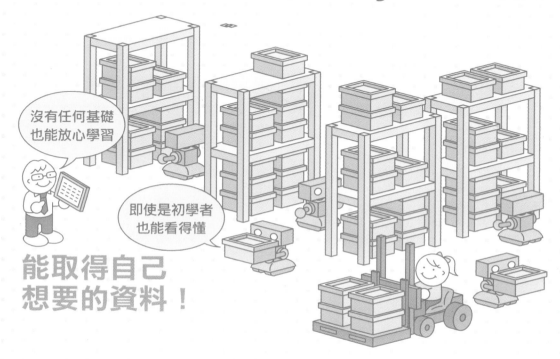

沒有任何基礎
也能放心學習

即使是初學者
也能看得懂

能取得自己
想要的資料！

イラストでそこそこわかる SQL

(Irasuto de sokosoko wakaru SQL: 6373-4)

©2020 Yuuri Sakashita

Original Japanese edition published by SHOEISHA Co.,Ltd.

Traditional Chinese Character translation rights arranged with SHOEISHA Co.,Ltd. through
JAPAN UNI AGENCY, INC.

Traditional Chinese Character translation copyright © 2021 by GOTOP INFORMATION INC.

序

即使「資料庫」已經是大家耳熟能詳的字眼，但很少人真的了解資料庫是什麼。不過，就算不了解資料庫，大部分的人應該都用過資料庫才對。比方說，利用搜尋引擎搜尋網頁，或是使用晶片信用卡立刻得到紅利點數，這些都是利用資料庫實現的機制。

我們都是利用這些於某處儲存的大量資料，才能過著如此方便的生活。能處理大量資料的機制就是資料庫，**我們的生活能如此便利，都歸功於「資料庫」的存在**。從這點來看，我們可以斷言沒有人可以活在現代社會，「卻與資料庫沒有半點關係」。

現在只有很少數的人能夠設計資料庫、直接操作資料或是開發操作資料的軟體，而這些人就是所謂的專家。可是我覺得也有覺得自己「不是專家，也沒興趣成為專家，只是遇到一些不透過資料庫就無法解決的問題」的人。他們想要的不是設計資料庫，也不是管理資料，只是想簡單地參考數據資料而已。我想會購買本書的，應該就是這樣的讀者。

本書的目標讀者是完全不懂資料庫或是似懂非懂的人。讓我們一起學會參照資料庫與基本用法吧！出發吧！

坂下夕里

本書的使用方法

本書的概念是「一看就懂 SQL」，所以只要看看漫畫、插圖、語法與例句，就能自由地從資料庫取得需要的資料。

本書的學習環境為免費的 MySQL。MySQL 可於 Windows 環境安裝，而安裝方式請參考第 0 章的說明。

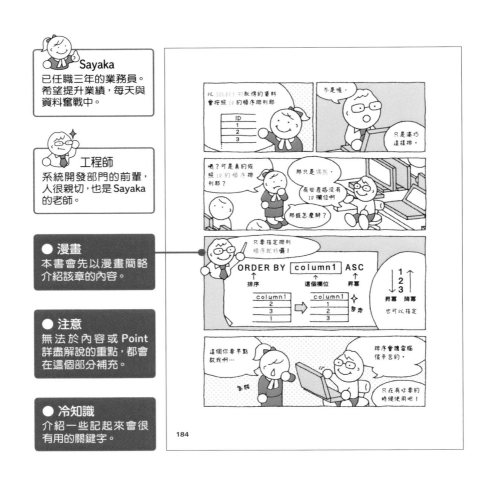

Sayaka
已任職三年的業務員。希望提升業績，每天與資料奮戰中。

工程師
系統開發部門的前輩，人很親切，也是 Sayaka 的老師。

● 漫畫
本書會先以漫畫簡略介紹該章的內容。

● 注意
無法於內容或 Point 詳盡解說的重點，都會在這個部分補充。

● 冷知識
介紹一些記起來會很有用的關鍵字。

● 本書的目標讀者
● 從未使用過 SQL 的人
● 有時得用到資料庫的人
● 開始資料分析的人
● 前台工程師或網頁設計師

● 本書執筆環境
● OS：Microsoft Windows 10 Home 64bit
● MySQL Community Edition 8.0.19
※ MySQL Community Edition 8.0.20 也可順利執行範例。

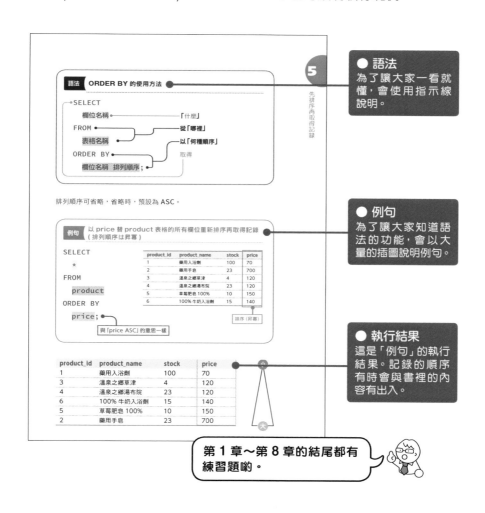

第 1 章～第 8 章的結尾都有練習題喲。

目錄

第 0 章　建立可用的資料庫

第 1 章　利用 SQL 取得資料

第 2 章　取得〇〇資料

第 **3** 章　在○○取得類似 △△ 的資料

第 **4** 章　統整資料

第 5 章　先排序再取得記錄

第 6 章　編輯資料

第 7 章　在 SELECT 中執行 SELECT

第 **8** 章 合併表格

範例檔下載

本書內容範例檔請由下列網址下載。

　http://books.gotop.com.tw/download/ACD021200

※ 由於檔案較大，下載可能得花一些時間。

※ 隨附檔案為 *.zip 壓縮檔，下載後請務必先解壓縮。

◆ 注意

※ 範例檔案的內容是本書執筆時的內容。

※ 雖然提供範例檔案的相關敘述都力求正確，但作者與出版社都不對相關敘述提供任何保障，根據內文還是範例執行的結果，都不負任何責任。

第 **0** 章　建立可用的資料庫

01

安裝 MySQL

本書的目標是學習如何從資料庫取得資料的方法，而實際操作資料庫，確認操作方式是最有效果的學習方式，所以得先建立一個能隨意操作資料的資料庫。因此，就先從在自家電腦建立一個資料庫環境開始吧！

01-1 建立可自由存取的資料庫環境

關於資料庫，有一些必須先知道的知識，本書也將在第 1 章說明。首先讓我們先了解資料庫是何物，試著操作看看，了解一下。

如果職場或學校已經有可自由使用的資料庫，不妨問問管理資料庫的人，這些資料庫的種類與存取方式。如果問得到，可跳過本章的內容，直接閱讀第 1 章。

如果問不到，請在自家電腦安裝資料庫。就算職場與學校有能夠自由使用的資料庫，在自家電腦建立資料庫，比較能隨心所欲地操作，所以方便的話，在自家電腦建立資料庫會是比較好的選擇。

資料庫的種類很多，本書使用的是可於 Windows 環境安裝的社群版 **MySQL**。

01-2 下載 MySQL

第一步要先下載 MySQL 的安裝程式。

本書執筆時的 MySQL 分成付費版的 MySQL Enterprise Edition 與免費版的 MySQL Community Edition，本書要做為範例介紹的是在 Microsoft Windows 10 安裝的方法，採用的版本是 MySQL Community Edition 8.0.19。

① 瀏覽 MySQL 官方網站

請利用網頁瀏覽器瀏覽 MySQL 的官方網站（https://www.mysql.com/），點選「DOWNLOADS」。

② 前往下載畫面

將畫面捲至最下方的「MySQL Community（GPL）Downloads ＞＞」
再點選。

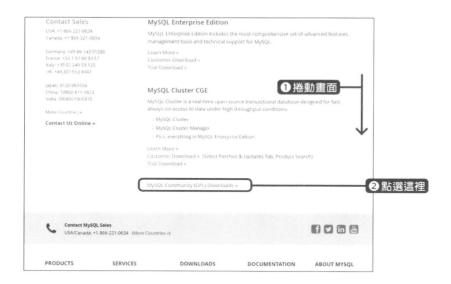

接著點選下個畫面裡的「MySQL Install for Windows」。

③ 進入下載安裝程式的畫面

此時會顯示兩個「Windows（x86,32-bit,MSI Installer）」，請點選下面那個資料量較大的「Download」。

④ 不登入或註冊，直接開始下載

此時畫面會要求登入或註冊，但這次請直接點選畫面下方的「No thanks, just start my download」，開始下載。

如果顯示「開啟 mysql-installer-community-8.0.22.0.msi」（後面的版本數字會隨著您下載當下的最新版本變動而有不同）對話框，請點選「儲存檔案」，再將安裝程式儲存在電腦的任何一個位置裡。

01-3 安裝 MySQL

這次下載的檔案為「mysql-installer-community-8.0.22.0.msi」。下載完畢後，即可開啟剛剛用於儲存檔案的資料夾。

① 執行安裝程式

先於檔案總管確認剛剛下載的安裝程式。

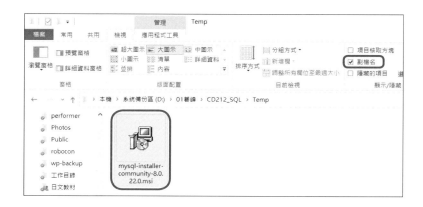

假設未顯示副檔名，請勾選「副檔名」選項。

雙點「mysql-installer-community-8.0.22.0.msi」即可開始安裝。

活用檔案總管

在 Windows 的開始按鈕按下滑鼠右鍵，點選「檔案總管」也能開啟這個畫面。

讓我們利用檔案總管搜尋儲存安裝程式的位置。

② 選擇安裝類型

接著要在「Choosing a Setup Type」畫面選擇要安裝的類型。請在勾選「Developer Default」的情況下，按下「Next >」。

③ 安裝必要的部分

接著顯示的「Check Requirements」畫面會顯示沒有需要的部分，所以無法安裝的訊息。這個畫面的內容會隨著電腦的狀態而改變，所以請點選「Execute」，安裝必要的部分。

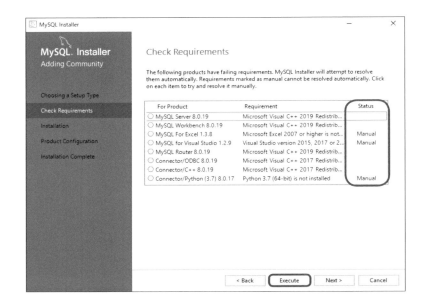

清單的 Status 欄位會自動安裝「Manual」以外的部分。此外，途中若顯示確認使用規範的畫面，請點選「Agree」繼續安裝即可。

安裝所有需要的部分後，點選「Next ＞」。

假設顯示「One or more product requirements have not been satisified」的警告畫面，請點選「Yes」繼續。

④ 確認後繼續安裝

點選「Execute」之後，將會依序安裝。有些部分雖然用不到，但還是請大家先安裝再說。

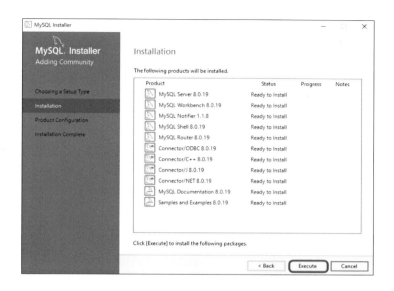

所有該安裝的都安裝完成後,點選「Next >」。

01-4 設定 MySQL

MySQL 完成安裝之後,要進行初始設定。

① Product Configuration 畫面

讓我們開始設定吧!「Product Configuration」畫面顯示後,請點選「Next >」。

② 確認是否使用 MySQL InnoDB Cluster

接著是要不要使用「MySQL InnoDB Cluster」框架的確認畫面。本書不會使用這個框架,所以請在勾選「Standalone MySQL Server ╱ Classic MySQL Replication」的情況下點選「Next >」。

③ 設定 Type and Networking

接著是設定「Type and Networking」。請確認 Config Type 的欄位
是否勾選了「Development Computer」。如果 Port 或 X Protocol
Port 的連接埠值已被其他應用程式佔用，請變更為其他的號碼，正常來
說，可直接沿用預設值。

點選「Next >」。

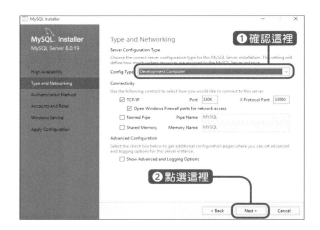

④ 設定 Authentication Method

設定驗證方式。確認已勾選「Use Strong Password Encryption for
Authentication」再點選「Next >」。

⑤ 設定管理者的密碼

要使用資料庫就要利用使用者 ID 與密碼存取資料庫。使用者 ID 可以建
立很多個，再決定每個使用者 ID 的存取權限。

一開始要先建立一個能對資料庫執行任何處理的管理者 ID。管理者 ID
通常是「root」。接著要設定管理者 ID 的密碼。

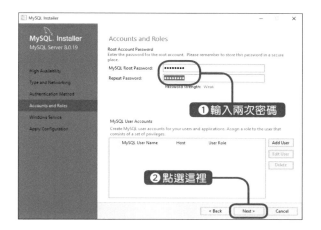

為了確認密碼無誤，需輸入兩次密碼再點選「Next ＞」。

由於是個人學習使用的資料庫，**密碼不需要太複雜，但千萬別忘記密碼，否則事後會很麻煩。**

⑥ 設定 Windows Service

接著要將 MySQL 設定為 Windows 的服務。

請 確 認 是 否 勾 選 了「Configure MySQL Server as a Windows Service」。其他項目沿用預設值即可。點選「Next ＞」繼續設定。

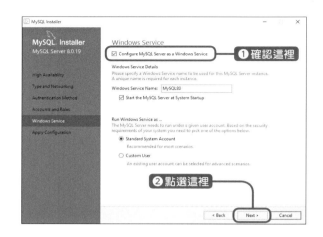

⑦ **Apply Configuration 畫面**

為了套用上述的設定，請點選「Execute」。

當所有的項目都出現綠色勾勾後，點選「Finish」結束設定。

⑧ **設定其他產品**

接著會開始設定其他產品。請點選「Next >」繼續。

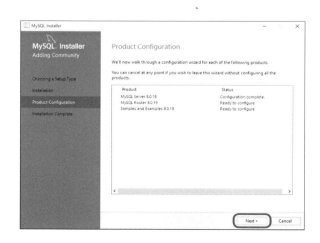

⑨ 設定 MySQL Router

請沿用預設值，直接點選「Finish」。

回到 ⑧ 的畫面之後，點選「Next >」。

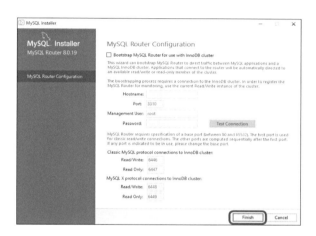

⑩ 範例的設定

在這個畫面輸入在 ⑤ 設定的 root 密碼再點選「Check」。

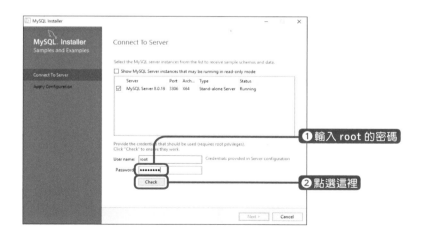

成功的話會進入這個畫面，請點選「Next >」繼續設定。

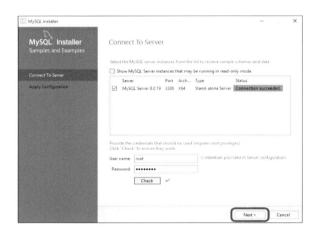

在下個畫面點選「Execute」，再於下個畫面點選「Finish」。

⑪ 結束產品設定

產品設定結束後，點選「Next >」。

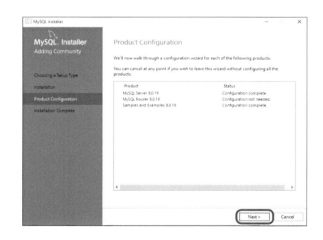

⑫ 結束設定

在最後一個畫面點選「Finish」，結束設定。

此時 MySQL Shell 與 MySQL Workbench 會自動啟動，但請先關閉。

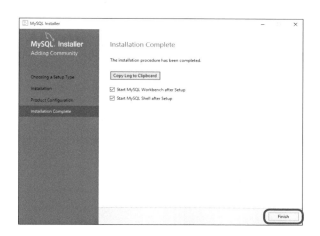

02 MySQL Workbench 的使用方法

利用鍵盤輸入命令可說是使用資料庫最基本的方法，但這個方法有點麻煩，所以我們使用 MySQL 內建的軟體工具來操作資料庫。

02-1 什麼是 MySQL Workbench ？

在安裝 MySQL 時，會一併安裝 MySQL Workbench 這套工具，本書會使用 MySQL Workbench 來存取 MySQL。

請從 Windows 的開始選單點選「MySQL」→「MySQL Workbench」，啟動這套工具。

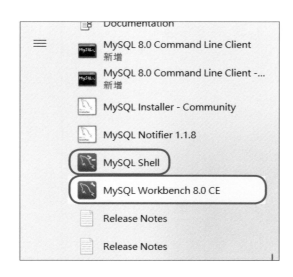

接著要為大家說明透過 MySQL Workbench 存取資料庫的方法。資料庫的基本說明將從接續的第 1 章開始。第 0 章的目標在於建立學習專用資料庫，所以有什麼地方的說明不太了解，也請大家先依照指示完成作業。

02-2 利用 MySQL Workbench 存取資料庫

MySQL Workbench 啟動之後，會先顯示 MySQL Workbench 的主畫面。

要 利 用 MySQL Workbench 存 取 MySQL，可 以 先 透 過 MySQL Workbench 的「MySQL Connections」建立 Connection。

點選「MySQL Connections」旁邊的加號（⊕）。

接著從 Setup New Connection 畫面新增 connection。

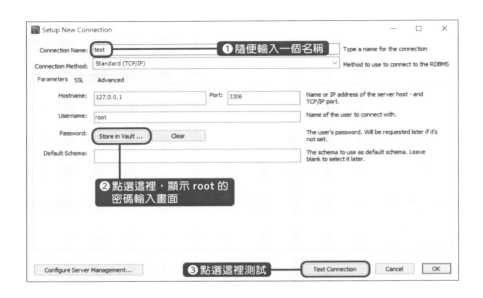

在 Connection Name 隨便輸入一個名稱。這個名稱以後還可以變更，所以輸入「test」也沒關係。

接著輸入 Username 與 Password。總之要以 root 使用者的身分存取。點選「Store in Vault」即可顯示輸入 Password 的畫面。

Password 就是在安裝之際輸入的 root 密碼。按下「OK」結束輸入密碼之後，點選畫面裡的「Test Connection」，測試是否能與資料庫順利連線。

假設顯示下列的畫面就代表連線成功。點選「OK」回到上一個畫面，再點選「Close」回到主畫面。

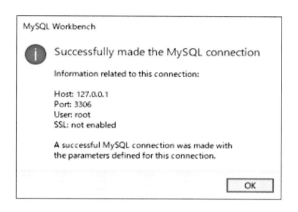

此時畫面會顯示剛剛建立的 connection，請點選這個部分，實際存取資料庫。

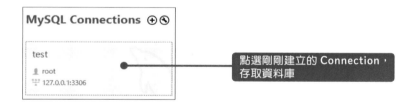

點選剛剛建立的 Connection，存取資料庫

要使用資料庫，必須透過使用者 ID 與密碼存取。剛剛建立的 Connection 是能預先輸入使用者 ID 與密碼，快速存取資料庫的功能，只要先建立 Connection，之後就能快速存取資料庫。

02-3 建立學習專用的資料庫

MySQL 安裝完成之後，資料庫裡面沒有自己的資料，所以要先建立學習專用的資料庫。

MySQL 可建立多個資料庫，也能替每個資料庫命名。

順帶一提，MySQL 將每個資料庫稱為 **schema**。

> 💡 **冷知識**
>
> **MySQL 內建的資料庫**
>
> MySQL 安裝完成後，會內建幾個資料庫，就算不是自己建立的，建議大家也不要刪除這些資料庫。
>
> 在這些資料庫中，sakila 與 world 是存放 MySQL 範例的資料庫。之後可能會在學習過程中用到，所以請先放著，不要刪除。

要建立新的資料庫請點選 🗄 圖示「Create new schema in the connected server」。

接著是輸入資料庫的名稱。可輸入「testdb」。字元編碼請選擇「utf8」，最後再點選「Apply」。

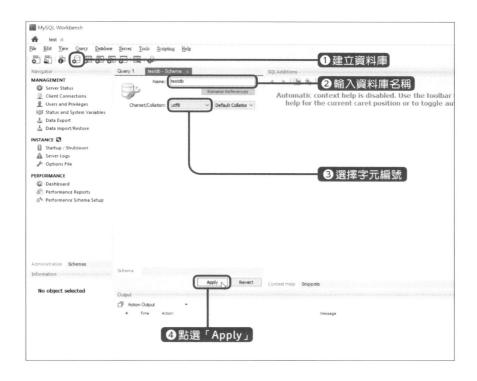

顯示確認畫面後，再點選「Apply」。

最後點選「Finish」結束。

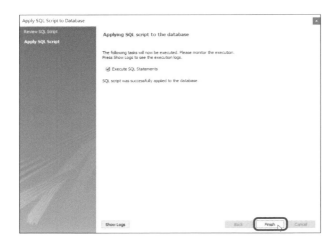

點選 MySQL Workbench 畫面左側的 Schemas 索引標籤,就能瀏覽
資料庫列表。

讓我們確認一下,剛剛建立的資料庫是否存在。

要操作剛剛建立的學習專用資料庫 testdb,可雙點列表裡的資料庫名稱
「testdb」。

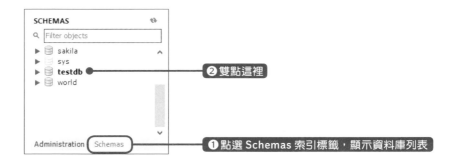

此時只有「testdb」會變成粗體字,也會顯示隸屬的「Tables」。變成
粗體字的資料庫就是能開始操作的資料庫。

不先選擇學習專用資料庫 testdb，就無法繼續後面的作業。每次都要點選 Connection 存取資料庫，再選取學習專用資料庫 testdb 的確是件很麻煩的事，因此，我們要設定成與資料庫連線的同時，選擇 testdb 的模式。

請先點選目前使用的索引標籤的「×」，關閉索引標籤。

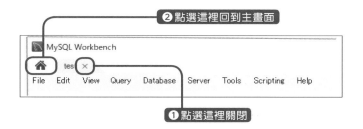

回到主畫面之後，在剛剛建立的 connection 按下滑鼠右鍵，點選「Edit Connection…」。

接著要變更 connection 的內容。請在最後的項目「Default Schema」輸入剛剛的學習專用資料庫的名稱「testdb」。

為了以防萬一，請點選「Test Connection」測試一下，如果沒問題，請點選「Close」結束設定。

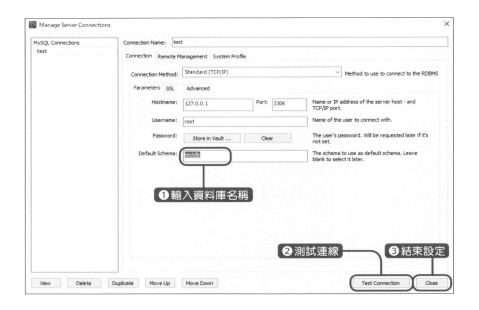

回到主畫面之後，再試著點選 connection

接著開啟 SCHEMAS 索引標籤，確認 testdb 是否已轉換成粗體字。

Schema

正確來說，Schema 與資料庫的意思不一樣，但本書對此將不多做說明，請大家把 MySQL Workbench 裡的 Schema 都視為資料庫即可。

02-4 建立表格

接著讓我們在學習專用資料庫 testdb 建立學習專用表格。**表格**就是存放資料的容器。

請點選 📇「Create a new table in the active schema in connected server」圖示，在學習專用資料庫 testdb 建立新的表格。這次要建立的是存放人的識別 ID 與姓名的「名冊」表格。

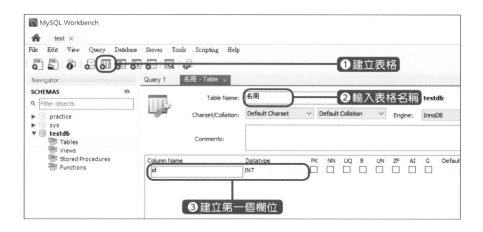

請在 Table Name 欄位輸入「名冊」，替表格命名。建立表格時，必須先決定要儲存哪種資料。

接著在 Column Name 的最上面連按兩次滑鼠左鍵，建立輸入位置。在這個位置輸入「id」。「id」欄位要存放的是識別 ID 的資料。Datatype 維持「INT」即可。接著雙點 Column Name 的下一個位置，再於 Column Name 的位置輸入「name」，Datatype 則設定為「VARCHAR(20)」。「name」欄位要存放姓名資料。

Datatype 可於 Select 方塊選擇，但如果雙點這個位置，也能手動變更類型。

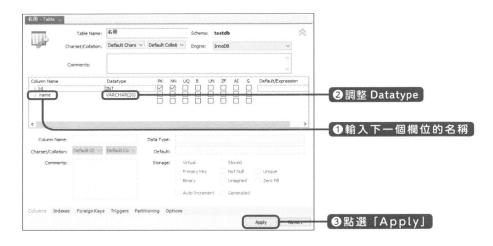

最後點選「Apply」就會顯示確認畫面。

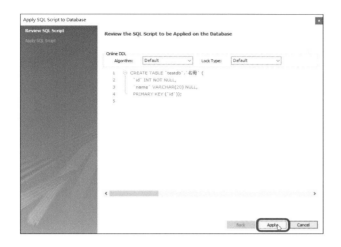

點選「Apply」之後，就會顯示表格製作完畢畫面，請點選「Finish」
關閉畫面。

02-5 在表格輸入資料

接著要在剛剛建立的名冊表格輸入資料。

點選 SCHEMAS 索引標籤的名冊表格的右端圖示，就會顯示表格目前的
狀況。

雙點畫面中央「NULL」的部分，一筆筆輸入資料。

請在 id 欄位輸入半形的數值，name 則可輸入人名。id 不能出現重複的值。

輸入幾筆資料後，點選右下角的「Apply」，再於確認畫面點選「Apply」。請記得點選兩次「Apply」，否則剛剛輸入的資料不會存入表格。

在最後的結束畫面點選「Finish」。

如此一來，剛剛輸入的資料應該存入表格了。

02-6 從表格取得資料

要從表格取得資料可使用本書介紹的 SQL 命令句。

在 SCHEMAS 索引標籤點選名冊表格右端的圖示，可發現右上角的畫面寫著「取得表格所有資料的 SQL」的程式。執行這段 SQL 程式會得到下面的畫面。

要執行 SQL 可點選 ✏ 圖示。

讓我們試著將「testdb. 名冊」的部分變更為「名冊」再執行看看。
SQL 的部分可仿照一般的文字編輯器修改，可直接用鍵盤輸入、變更與
刪除文字。

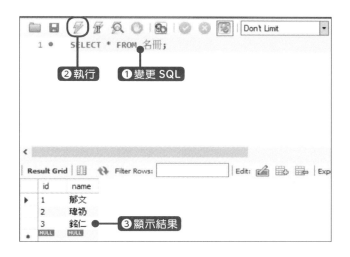

執行結果與剛剛一樣。「testdb. 名冊」的意思是學習專用資料庫
testdb 的名冊表格，而 testdb 已經是目前正在使用的資料庫，所以資
料庫名稱的部分可以省略。

讓我們再試試另一段 SQL 命令。

這次請在「;」前面加上「WHERE id=2」再執行。

WHERE 的前面要輸入半形空白字元，寫成

「SELECT * FROM 名冊 WHERE id=2;」

空白的部分都是半形空白字元，不是全形空白字元。

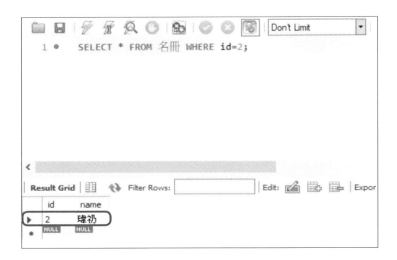

這次只取得 id 為 2 的資料。

02-7 哪裡有問題？

SQL 的語法寫錯的話，就無法順利執行。

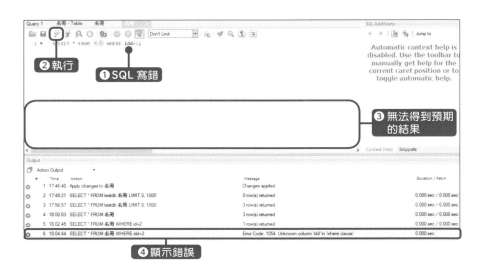

最下方的畫面會顯示 SQL 是否正常執行的訊息。如果左端出現了紅色圖示，代表 SQL 執行失敗。Message 欄位也會顯示「有什麼奇怪的地方嗎？」這類訊息說明無法執行的原因，可參考這部分的說明再重新執行 SQL。

顯示綠色的圖示代表 SQL 正常執行。

💡 冷知識

Windows 服務

資料庫與其他軟體一樣，不先執行資料庫就無法使用。

安裝 MySQL 的時候，我們將 MySQL 設定為 Windows 的服務，所以只要電腦一啟動，MySQL 就會跟著啟動，我們才能隨時使用 MySQL。

不過，有時候會莫名地無法自行啟動。假設此時點選 MySQL Workbench 的 Connection，就會顯示錯誤，無法與資料庫連線。

此時請從 Windows 開始選單點選「電腦管理」→「服務」，再啟動「MySQL80」這項服務。

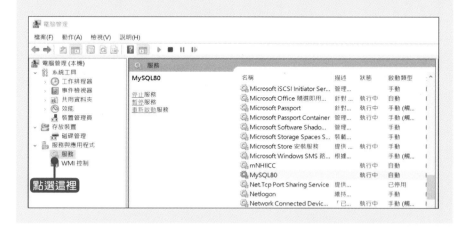

03 關於學習專用表格

為了讓大家順利開始學習，必須先建立幾張表格與輸入一些資料。剛剛已經介紹過建立表格的基本方法，接下來要進一步說明相關細節。在正式開始學習之前，我們先建立學習專用資料。

03-1 試著變更表格的內容

我們利用前一節建立的名冊表格，建立學習專用表格。

點選名冊表格右側三個圖示之中的正中央圖示，變更表格的構造。

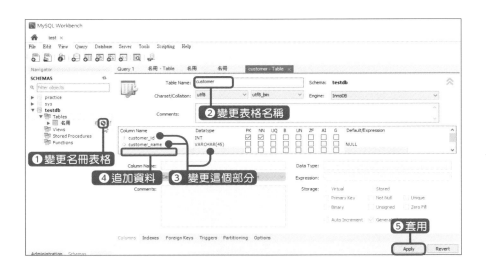

將表格名稱變更為「customer」。

雙點原有的 Column Name 與 Datatype 即可變更內容。若要新增欄位，可雙點列表最下方的位置。

請參考下圖新增欄位與設定 Column Name 與 Datatype。

Column Name	Datatype	PK	NN	UQ	B	UN	ZF	AI	G	Default/Expression
customer_id	INT	☑	☑	☐	☐	☐	☐	☐	☐	
customer_name	VARCHAR(45)	☐	☐	☐	☐	☐	☐	☐	☐	NULL
birthday	DATE	☐	☐	☐	☐	☐	☐	☐	☐	NULL
membertype_id	TINYINT	☐	☐	☐	☐	☐	☐	☐	☐	NULL
		☐	☐	☐	☐	☐	☐	☐	☐	

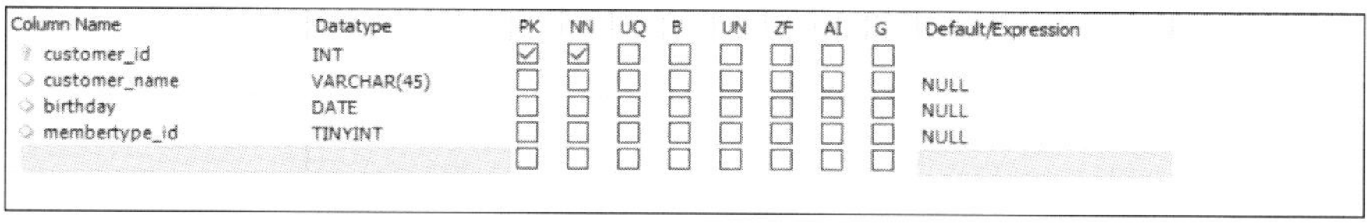

最後點選「Apply」，再於下個確認畫面點選「Apply」，然後在最後的畫面點選「Finish」，結束變更。

此外，若要刪除表格，可在 SCHEMAS 索引標籤的表格清單以滑鼠右鍵點選表格，再點選「Drop Table…」。

03-2 建立學習專用資料庫

本書使用的學習專用資料庫是以某個網路商店的資料為範例。預計將使用下列四個表格進行學習。

顧客表格：customer

這張表格存放的是在網路商店購物時，顧客的註冊資訊，其中包含姓名、出生年月日、會員類型（是一般會員還是優惠會員），也會指派顧客 ID。

Column Name	Datatype	意義
customer_id	INT	顧客 ID
customer_name	VARCHAR(45)	顧客姓名
birthday	DATE	顧客出生年月日
membertype_id	TINYINT	顧客會員類型

顧客會員類型表格：membertype

這張表格存放的是顧客會員類型的資訊（種類）。會員類型分成「一般會員」與「優惠會員」兩種，會員類型會於顧客註冊時決定，並且新增至顧客表格裡。

Column Name	Datatype	意義
membertype_id	INT	會員類型 id
membertype	VARCHAR(4)	會名類型名稱

商品表格：product

這張表格會存放商品資訊，主要包含商品 ID、商品名稱、庫存量與單價。

Column Name	Datatype	意義
product _id	INT	商品 ID
product _name	VARCHAR(20)	商品名稱
stock	INT	庫存量
price	DECIMAL(10,0)	單價

訂單表格：productorder

這張表格會存放哪位購客訂購了哪個商品的訂單資訊。其中包含訂單 ID、顧客 ID、商品 ID、訂購量、金額、訂購時間。

Column Name	Datatype	意義
order_id	INT	訂單 ID
customer_id	INT	顧客 ID
product_id	INT	商品 ID
quantity	INT	訂購量
price	DECIMAL(10,0)	金額
order_time	DATETIME	訂購時間

在正式進入學習之前，請參考一開始到前一節的說明，建立其他表格。

在學習過程中會輸入各表格的資料。

關於輸入的資料

所有要於表格輸入的資料請依照本書記載的內容輸入。

為了方便大家練習，所有輸入表格的資料都已隨書附贈（僅主要表格的內容）。

範例檔案請參考 p.12 的「範例檔下載」。這個檔案為 zip 壓縮檔，使用時，請先於電腦解壓縮。

使用範例資料時，請先建立所需的表格，再以記事本或其他文字編輯器開啟範例資料。

每個表格的範例資料都是文字格式。customer 表格的檔案名稱為「customer.txt」、product 表格的檔案名稱為「product.txt」。此外，檔案的字元編碼為 utf8。

product.txt（product 表格的範例資料檔）

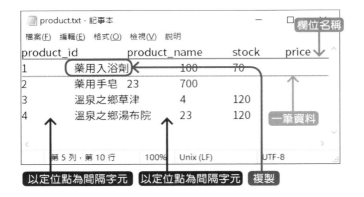

檔案的第 1 列是資料名稱（欄位名稱），第 2 列之後是表格的資料，各筆資料都以定位點間隔。

請將一筆筆資料複製到 MySQL Workbench 的輸入位置，將資料存入表格裡。輸入完成後，請記得點選兩次「Apply」，讓剛剛輸入的資料存入表格。

03-3 何謂資料類型？

一張表格可儲存多種資訊。

例如 product 表格的商品 ID 為數值，商品名稱為字串。各種資料的類型必須在建立表格的時候就決定。

資料的種類又稱資料類型。剛剛建立表格時，不是都有設定 Datatype 嗎？其實那就是在指定**資料類型**。詳情會在第 2 章說明，但這也是建立表格所需的資訊，所以還是先在本節簡單說明一下。

MySQL 的主要資料類型

資料類型	操作的資料
INT	整數
TYNYINT	整數（-128 ～ 127）
CHAR（字數）	字串
VARCHAR（字數）	字串
TEXT	字串
DOUBLE	實數
FLOAT	實數
DECIMAL（整體位數，小數點以下的位數）	數值
DATE	日期
TIME	時間
DATETIME	日期與時間
BOOLEAN	邏輯值

資料類型的後面若的（ ），代表可以指定位數或字數。

例）VARCHAR（20）

VARCHAR 這類輸入文字的資料類型可指定字數。若未指定，會自動設定為該處理類型的字數。

03-4 一切準備就緒！

至此總算順利完成事前準備，接著就要進入正式學習了。這事前準備的階段出現了不少陌生的單字，想必大家覺得很辛苦吧！

只要從第 1 章開始，按部就班地學習，不了解的部分也會慢慢知道是怎麼回事，請不用擔心會看不懂。

本書是利用 MySQL Workbench 學習，也會帶著大家撰寫 SQL 與確認執行結果。MySQL Workbench 是非常方便的工具，除了本書介紹的功能，也請大家試用其他的功能。

匯出資料

從資料庫取得的資料雖然可在 MySQL Workbench 的畫面立刻確認，但是若想將取得的結果存成檔案，可使用匯出功能。

點選結果畫面的匯出圖示「Export recordset to an external file」，就能選擇要儲存為何種格式的檔案。

如果在其他軟體使用這個檔案，卻發現內容變成亂碼時，請調整匯出檔案時的字元編碼。

第 1 章　利用 SQL 取得資料

01 資料庫與 SQL 到底是什麼？

資料庫到底是什麼？又該怎麼存取？讓我們簡單介紹一下。

01-1 資料庫到底是什麼？

在電腦與網路就像空氣一樣的現代，所有的資訊都被當成「資料」儲存與使用。

如果資料的筆數與種類不多，可直接存成文字檔案，如果稍微多一點，也可使用試算表軟體儲存。

不過，如果是人力無法處理，試算表軟體也很難操作的大量資料，就可使用**資料庫**（**DB**）處理。簡單來説，資料庫就是「資料的集合體」，儲存在資料庫的資料會依照種類或用途分類，以便日後使用，這也是資料庫最明顯的特徵。

要在資料庫新增或刪除資料，可使用專門用來管理資料的資料庫管理系統（**DataBase Management System：DBMS**）。

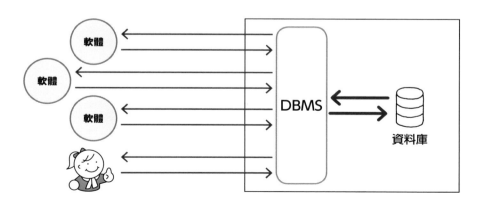

MySQL Workbench 是「軟體」嗎？

是啊，而且 DBMS 與資料庫幾乎是配好對的喲！

使用軟體或自己寫的程式可存取 DBMS，也有其他方法能直接操作 DBMS。本書使用的軟體為 MySQL Workbench。

01-2 了解資料庫的種類與構造

資料庫可依照儲存資料的方式分類。現在最普遍的是**關聯式資料庫**（**RDB**）。

RDB 是以**列**（record）與**欄**（column）組成的**表格**（table）操作資料。有用過試算表軟體的人一定一下子就知道是什麼意思。表格裡的元素稱為**欄位**，也就是試算表的儲存格。

此外，每張表格之間都有關聯性是 RDB 的特徵之一。

好像有某種「關聯性」存在呢！

這關聯性是在取得資料時，是很重要的部分喲！

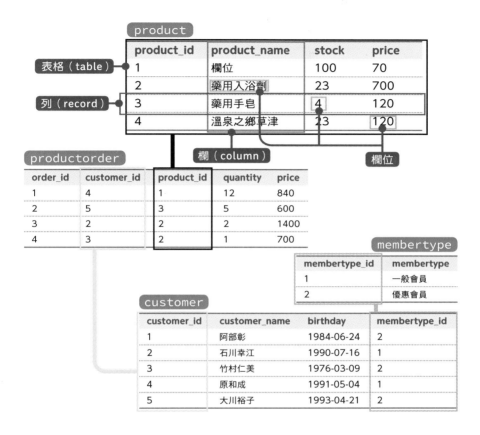

用於管理 RDB 的 DBMS 稱為關聯式資料庫管理系統，簡稱 **RDBMS**。

01-3 那 SQL 又是什麼？

我們透過 RDBMS 進行的作業包含建立資料庫、表格、追加、更新、刪除、取得資料以及其他部分，而用來完成這些操作或定義的程式語言就是 **SQL**（Structured Query Language）。

SQL 使用的命令都是很簡單的英文單字，例如選取資料的命令是 SELECT，追加資料則是 INSERT，刪除則是 DELETE，所以 SQL 是非常簡單好學的語言。

本書的目的之一就是要讓大家能自由地使用選取資料的 **SELECT** 陳述句。

⊘ 注意

SQL 的不同之處

本書使用的是 MySQL 這種資料庫學習。於 MySQL 使用的 SQL 雖然符合規際標準，但有些較細膩的語法不一定能於所有的資料庫使用。

本書的學習目標是學會在 MySQL 使用的 SQL，其中會有一些語法無法在其他的資料庫使用，還請大家特別注意這點。

02 存取資料庫

剛剛提到，只要使用 SQL 撰寫命令，就能從資料庫取得資料，但這個 SQL 要在哪裡寫？又該怎麼寫？讓我們為大家說明一下吧！

02-1 建立資料庫

本書要帶大家學習從資料庫選取資料的 SQL 的 **SELECT** 陳述式，但在學習之前，有一些事前準備要先完成。

第一步，要先建立最重要的資料庫以及管理資料庫的 DBMS。這兩個算是一組的，所以被問到「資料庫的種類是？」這個問題，回答 DBMS 的名稱即可。

DBMS 有很多種，有的要付費，有的是免費的，有的只能於某些環境安裝，有些的操作比較簡單，大家可以根據上述幾點選擇適合自己使用的類型。

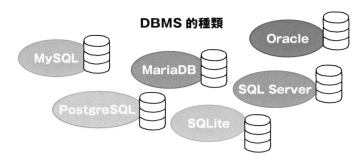

DBMS 的種類

本書是以學習 MySQL 為前提。

假設公司與學校都提供了方便學習的資料庫，不妨向管理者詢問一下存取該資料庫的方法。

準備自行建立資料庫與 DBMS 的人，請依照第 0 章的説明，在自己的電腦安裝 MySQL。

02-2 準備操作資料庫的工具

存取資料庫的方法有很多種，例如以下幾種。

方法 1　使用專門的工具（軟體）

方法 2　直接透過命令提示字元操作

方法 3　透過自己寫的程式操作

 本書使用的是在 **Windows** 使用專門工具存取，也就是使用方法 **1**。

本書使用的是在安裝 MySQL 的時候，一併安裝的 MySQL Workbench 這項工具。MySQL 與 Workbench 的使用方法已在第 0 章充份説明過，請大家參考第 0 章的內容，完成需要的事前準備。

💡 **冷知識**

Workbench

MySQL Workbench 是安裝 MySQL 的時候，一併安裝的工具，但除了這項工具之外，也有能存取其他資料庫的 Workbench，而且還可以免費下載，使用方法也與 MySQL Workbench 幾乎一樣。免費工具還有很多，大家可以從中自行選擇覺得順手的工具使用。

02-3 存取資料庫

接著要存取資料庫與執行 SELECT 陳述式取得資料，但這些處理有固定的順序。

與資料庫連線之後，直到斷線之前，都可利用 SELECT 這類 SQL 的陳述句操作資料。

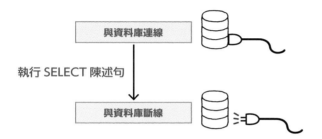

若要使用工具操作資料庫，就利用該工具與資料庫連線。如果關閉工具，就會自動與資料庫斷線，所以不需要手動斷線。

若使用 MySQL Workbench 操作資料庫，只要在啟動工具之後，在第一個畫面點選「MySQL Connections」就能與資料庫連線。

Connect 應該在第 0 章就建立了，如果還沒建立，請依照第 0 章的說明完成。

與資料庫連線之後，會顯示連線索引標籤。

若要在 MySQL Workbench 的環境下與資料庫斷線，可關閉連線索引標籤或是直接關閉 MySQL Workbench。

與資料庫連線以及建立學習專用資料庫的方法都已在第 0 章說明，還不了解的人可參考第 0 章的內容。

一切準備就緒之後，啟動工具，與學習專用資料庫連線。

02-4 存取學習專用資料庫

表面上看起來，DBMS 是可建立多個資料庫與分別操作它們，但實際的操作是「與所有資料庫（MySQL）連線，再從中選擇要使用的資料庫」，這部分也已經在『02-3』的『存取資料庫』說明過。

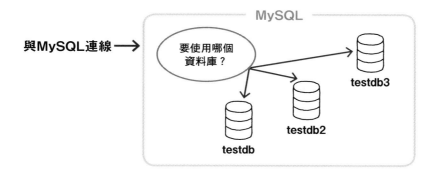

與MySQL連線 →

MySQL

要使用哪個
資料庫？

testdb3

testdb2

testdb

**請參考第 0 章，建立多個測試
專用資料庫。**

在 MySQL Workbench 的 MySQL Connections 將「Default
Schema」設定為學習專用資料庫，就能在連線的同時選擇使用學習專
用資料庫。

若還沒完成這部分的設定，請參考第 0 章，設定成一連線就選取學習專
用資料庫的狀態。

💡 **冷知識**

存取權限

要存取資料庫必須具備使用者 ID 與密碼，但不一定每個使用者 ID 都能
存取所有的資料庫與資料庫的表格，除非是 root 這個使用者 ID。如果
使用的是公司或學校建立的資料庫與使用者 ID，通常都會有存取限制。

03 利用 SELECT 陳述句取得資料

接下來，開始正式地學習 SQL。第一步先學習從資料庫取
得資料的基本知識。

03-1 執行 SELECT 陳述句

要從資料庫取得資料可執行 SQL 的 SELECT 語法。這種使用 **SELECT**
語法的 SQL 又稱為 **SELECT 陳述句**。

一般來說，資料庫會同時有很多張表格，而要取得資料，只需要指定從
「哪裡」取得「什麼」資料即可。

比方說，要從儲存商品資訊的 product 表格取得 product_id 與
product_name 這兩個資訊，可將 SQL 寫成下列的內容。

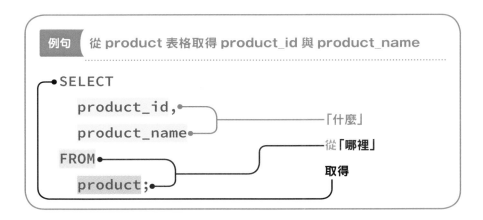

寫完 SELECT 之後，接著輸入相當於「什麼」部分的欄名。如果要從多
個欄取得資料，可利用逗號間隔欄名。接著再寫 FROM，然後輸入相當
於「哪裡」的表格。這些單字都要以半形字元或換行字元間隔。

每個 SQL 陳述句的最後一定要輸入「；（分號）」。

在執行 SELECT 陳述句之前，請先在儲存商品資訊的 **product** 表格輸入資料。請參考第 0 章的方法輸入下列的資料。

| 商品 ID | 商品名稱 | 庫存量 | 單價 |
product_id	product_name	stock	price
1	藥用入浴劑	100	70
2	藥用手皂	23	700
3	溫泉之鄉草津	4	120
4	溫泉之鄉湯布院	23	120

product_id、stock 與 **price** 的資料請以半形數字輸入。點選兩次「Apply」，讓資料存入資料庫。之後請立刻開啟表格的資料一覽表，看看資料是否真的存入資料庫。

這個 SQL 的執行結果如下。

原來只要從 product 表格取得 product_id 與 product_name 就可以了。

SELECT 陳述句的基本語法就是從「哪裡」取得「什麼」。

有時候記錄的垂直排列順序與範例不一樣，但還是先請大家確認一下，是否已取得 product 表格裡的所有 product_id 與 product_name 的欄內容。

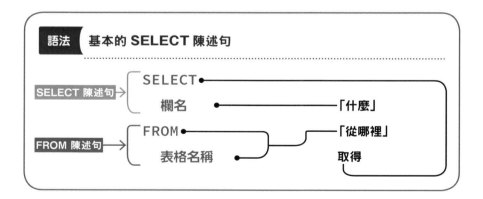

SELECT 與 FROM 在 SQL 是具有特殊功能的單字，而這些單字又稱為**保留字**，所以表格或欄的名稱不能使用這些單字。

SELECT 或 FROM 這類保留字與其後續的部分分別稱為 **SELECT 陳述式**
與 **FROM 陳述式**。

使用 SELECT 陳述式或 FROM 陳述式寫成的 SELECT 陳述句是取得資料
的基本語法，請大家務必熟用到能在想要取得資料時，隨手寫出的程度。

接著，利用工具執行 SQL 看看。

先確認已經在 MySQL Workbench 選取本書學習專用資料庫 testdb，
接著再輸入下列的例子。

```
SELECT
  product_id,
  product_name
FROM
  product;
```

結果會顯示如下圖畫面。

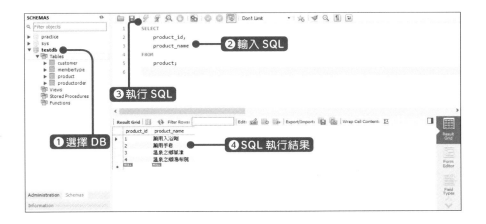

之後的內容也會像這樣使用工具執行 SQL 與確認執行結果，請在此時就把工具的使用方法學起來喔。

今後的說明會只有 SQL 與 SQL 的執行結果。

03-2 取得表格的所有資料

於 SELECT 後面指定的內容代表「要取得的內容」，但如果指定為星號「＊」，就能取得表格裡的所有欄的內容。

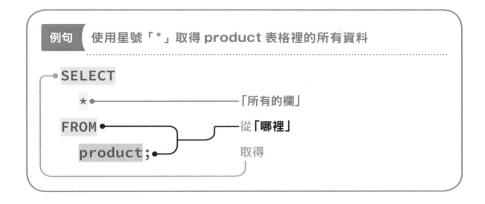

例句　使用星號「*」取得 product 表格裡的所有資料

SELECT
  *　————————「所有的欄」
FROM　————————從「哪裡」
  product;　————————取得

product 表格共有「product_id」、「product_name」、「stock」、「price」這四個欄位,所以這個例句與下列的 SQL 是同樣的意思。

```
SELECT
  product_id,
  product_name,
  stock,
  price
FROM
  product;
```

「SELECT * FROM product;」的執行結果

product_id	product_name	stock	price
1	藥用入浴劑	100	70
2	藥用手皂	23	700
3	溫泉之鄉草津	4	120
4	溫泉之鄉湯布院	23	120

Query 索引標籤的歷程

我想大家應該越來越熟悉 MySQL Workbench 的使用方法了。

每次啟動工具，點選 Connection 之後，都會開啟曾用過的 Query 索引標籤，或許大家會覺得這樣很煩。

如果不想讓這個索引標籤一直開啟，可點選選單 Edit → Preferences → SQL Editor，再取消「Save snapshot of open editors on close」，然後點選「OK」，就不會再開啟曾用過的 Query 索引標籤。

03-3 SELECT 陳述式的排列順序？

SELECT 陳述句會取得於 SELECT 陳述式指定的欄的內容。假設在 SELECT 陳述式指定的欄有很多個，取得的結果就會依照於 SELECT 陳述式指定的順序排列。

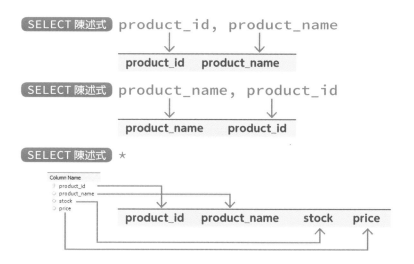

於 SELECT 陳述式使用「*」取得資料時，結果會依照欄在表格裡的順序排列。

此外，也可以在 SELECT 陳述式指定多個相同的欄，或是同時使用星號與欄名指定。

1

利用 S Q L 取得資料

例句 從 product 表格取得 2 次 product_id 與 product_name

```
SELECT
    product_id, product_name, product_id
FROM
    product;
```

product_id	product_name	product_id
1	藥用入浴劑	1

例句 從 product 表格取得所有欄的內容與 product_id

```
SELECT
    *, product_id
FROM
    product;
```

product_id	product_name	stock	price	product_id
1	藥用入浴劑	100	70	1

03-4 容易閱讀的 SQL 陳述句：半形空白字元或換行字元

撰寫 SQL 的時候，要以 1 個以上的半形空白字元間隔 SQL 裡的單字。

逗號、分號以及後續介紹的運算子本身就是間隔字元，所以不需要在前後的位置輸入半形字元。

適當地插入半形空白字元

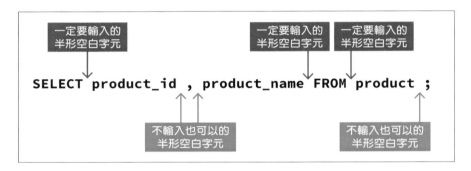

別輸入不需要的半形空白字元

```
SELECT product_id,product_name FROM product;
```

半形空白字元可以連續輸入，也可以換成換行字元或定位字元。

每一句都換行

```
                                          換行
SELECT product_id, product_name↓

FROM product;
```

在保留字與陳述式的結尾換行

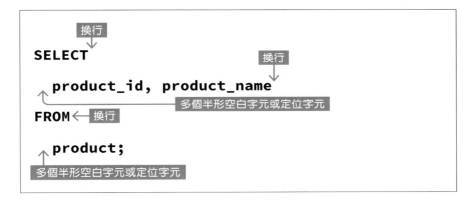

後續的 SELECT 陳述句有可能越寫越長，適度地換行可能會比較容易閱讀。基本上，要採用哪種寫法都可以，請大家使用覺得順手的方法來寫就好。

如果未在必須插入半形空白字元或換行字元的地方插入這些字元，或是不小心將半形空白字元換成全形空白字元，SQL 就無法執行，必須修正之後再重新執行。

04 將欄位變更為其他名稱

在取得資料時，可替欄位取一個別名。舉例來說，我們很難從「id」、「name」這類欄名看出這是什麼欄位，此時可試著替這類欄位命名一個更具體的名稱。

04-1 替欄位取一個更簡單易懂的名稱

SQL 的保留字都是英文字母，表格名稱與欄位名稱也通常都是英文字母。要利用 SELECT 陳述式取得資料時，可暫時替欄位取一個中文名稱或比較簡單易懂的名稱，取得的結果也會變得比較容易判讀。要替欄位另取新名可使用 AS 陳述式。

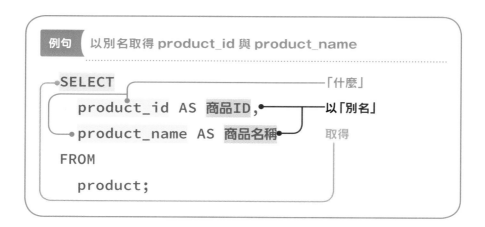

上述的程式將 product_id 指定為「商品 ID」這個別名，也將 product_name 指定為「商品名稱」這個別名，取得的結果如下。

product_id	product_name
商品 id	商品名稱
1	藥用入浴劑
2	藥用手皂
3	溫泉之鄉草津
4	溫泉之鄉湯布院

表格也可以利用 AS 陳述式取個別名。利用 AS 陳述式取別名可讓欄位與表格的名稱變得更簡單易懂，還能避免不斷輸入冗長的名稱。

這種別名的英文為 **alias**。

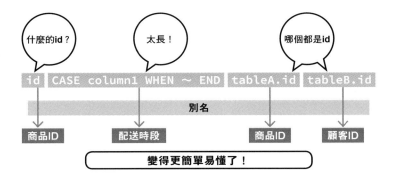

保留字為大寫英文字母

本書為了區分保留字與欄位名稱、表格名稱，故意將保留字的部分以 SELECT、FROM、AS 這類大寫英文字母輸入，但其實寫成小寫英文字母的 select、from、as，也會得到相同的結果。

使用工具撰寫程式的好處在於會自動替保留字標記顏色，但為了不利用工具也能寫出容易閱讀的 SQL，建議大家養成以大寫英文字母輸入保留字的習慣。

問題 1

對下列的 member 表格執行 ①、② 的 SQL，會得到什麼結果？請試著動手寫寫看。

[member]* 第一列為資料類型

INT	VARCHAR(20)	DATE	VARCHAR(15)
member_id	member_name	birthday	tel
1001	阿部彰	1993-01-30	090-8035-xxxx
1002	石川幸江	1979-07-03	090-4216-xxxx
1003	竹村仁美	1978-08-25	090-7925-xxxx
1004	原和成	1971-11-18	070-8769-xxxx
1005	大川裕子	1991-12-29	070-6758-xxxx

① SELECT
    *
  FROM
    member;

② SELECT
    member_id,
    member_name
  FROM
    member;

問題 2

請試著寫出從問題 1 的 member 表格取得 member_name、birthday、
tel 欄位的 SQL。

問題 3

請試著以「姓名」、「聯絡方式」這類別名從問題 1 的表格取得 member_
name 與 tel 欄位的內容。

解 答

問題 1 解答

①

member_id	member_name	birthday	tel
1001	阿部彰	1993-01-30	090-8035-xxxx
1002	石川幸江	1979-07-03	090-4216-xxxx
1003	竹村仁美	1978-08-25	090-7925-xxxx
1004	原和成	1971-11-18	070-8769-xxxx
1005	大川裕子	1991-12-29	070-6758-xxxx

②

member_id	member_name
1001	阿部彰
1002	石川幸江
1003	竹村仁美
1004	原和成
1005	大川裕子

問題 2 解答

```
SELECT
  member_name,
  birthday,
  tel
FROM
  member;
```

問題 3 解答

```
SELECT
  member_name AS 姓名,
  tel AS 聯絡方式
FROM
  member;
```

第**2**章 取得〇〇資料

01 只取得○○的記錄

從資料庫取得資料時，可以只取得符合條件的記錄。接著讓我們學習怎麼指定條件。

01-1 取得符合條件的資料

第 1 章我們利用 SELECT 陳述句從指定的表格取得所有的記錄，而這種 SELECT 陳述句可以加上「當 ○○ 欄位的值為 △△ 的記錄」或「大於等於 □□ 的記錄」這種條件，取得符合這類條件的記錄。條件要寫在 WHERE 的後面。

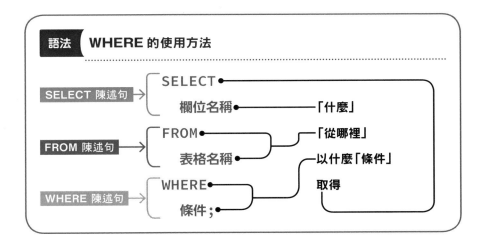

如果要以 `membertype_id` 為 2 的條件，從顧客資訊的 `customer` 表格取得 `customer_name` 欄位的記錄，可將程式碼寫成下列內容。

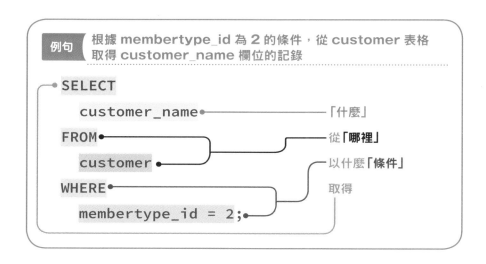

例句　根據 membertype_id 為 **2** 的條件，從 customer 表格取得 customer_name 欄位的記錄

```
SELECT
    customer_name        「什麼」
FROM                     從「哪裡」
    customer
WHERE                    以什麼「條件」
    membertype_id = 2;   取得
```

在執行 SELECT 陳述句前，記得先將資料存入顧客資訊的 CUSTOMER 表格裡。輸入資料的方法請參考第 0 章，要輸入的資料如下。

顧客 ID	顧客名	顧客生年月日	顧客類型
customer_id	member_name	birthday	membertype_id
1	阿部彰	1993-01-30	2
2	石川幸江	1979-07-03	1
3	竹村仁美	1978-08-25	2
4	原和成	1971-11-18	1
5	大川裕子	1991-12-29	2

customer_id、birthday、membertype_id 的內容請以半形數字輸入。

可以得到下列的結果。

customer

customer_id	customer_name	birthday	membertype_id
1	阿部彰	1993-01-30	2
2	石川幸江	1979-07-03	1
3	竹村仁美	1978-08-25	2
4	原和成	1971-11-18	1
5	大川裕子	1991-12-29	2

membertype_id = 2

customer_id	customer_name	birthday	membertype_id
1	阿部彰	1993-01-30	2
3	竹村仁美	1978-08-25	2
5	大川裕子	1991-12-29	2

customer_name
阿部彰
竹村仁美
大川裕子

執行結果

這次的條件是「membertyupe_id 為 2」。若寫成 SQL，就會是「membertype_id=2」。之後會進一步說明撰寫條件的方法。

WHERE 陳述式要寫在 SELECT 陳述式與 FROM 陳述式的後面，而接在 WHERE 後面的是篩選資料的條件。

01-2 何謂運算子？

在 WHERE 陳述式撰寫的條件常是「欄位值與 〇〇 相同」或「欄位值小於等於 △△」這種與指定欄位的值比較的內容。假設比較結果正確，代表條件成立。

這類條件會使用下表的運算子指定，而**運算子**就是用於運算、計算的符號。

比較運算子列表

運算子	使用方法	意義
=	a=b	a 等於 b
<=>	a<=>b	a 等於 b（包含 NULL）
!=	a!=b	a 不等於 b
<>	a<>b	a 不等於 b
<	a<b	a 比 b 小
>	a>b	a 比 b 大
<=	a<=b	a 小於等於 b
>=	a>=b	a 大於等於 b

NULL 是什麼啊？

這會在後面介紹，先讀過就好。

位於運算子左右的值會先比較再傳回比較結果，所以上表的運算子又稱**比較運算子**。

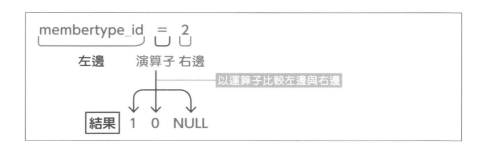

membertype_id　=　2

左邊　　演算子 右邊

以運算子比較左邊與右邊

結果　1　0　NULL

傳回的結果會是 **1**、**0** 與 **NULL**。NULL 會在後面說明。1 代表 **TRUE**，0 代表 **FALSE**。TRUE 與 FALSE 就是第 0 章說明的 BOOLEAN 類型的值，後續也會進一步說明資料類型。

有時會把 TRUE 說成「**真**」，將 FALSE 說成「**偽**」。

假設 WHERE 陳述句的條件成立，結果就會是 1（=TRUE），該筆記錄就會被放入取得的資料內，若條件不成立，就會得到 0（=FALSE）的結果，該筆記錄就不會被放入取得的資料內。

2

取得○○資料

> 💡 **冷知識**
>
> **是否要在運算子的左右兩側輸入空白字元？**
> 運算子左右的空白字元可輸入也可不輸入。「`membertype_id=2`」與「`membertype_id  = 2`」的結果是一樣的，大家可視自己喜好輸入。
>
> 不過，「`<=>`」或「`!=`」這種多個符號組成的運算子，就得連續輸入所有符號，因為是以多個符號組成一個運算子，不能寫成「`<  =  >`」或「`!  =`」這種中間有空白字元的格式。

01-3 確認運算結果

接著讓我們使用其他的比較運算子。
假設這次的條件是「`membertype_id` 不等於 1」。

例句 從 customer 表格的 customer_name 欄位取得
membertype_id 不為 1 的記錄。

```
SELECT
    customer_name
FROM
    customer
WHERE
    membertype_id != 1;
```

membertype_id
2
1
2
1
2

［判定條件］
membertype_id != 1 → ?

customer _name
阿部彰
竹村仁美
大川裕子

membertype_id 的欄位目前只有 1 或 2 的值，所以上述的條件與
「membertype_id=2」的意義一樣，會取得相同的結果。

membertype_id=2 ➡ 當 membertype_id 為 2 時傳回 TRUE

membertype_id!=1 ➡ 當 membertype_id 不為 1 時傳回 TRUE

➡ 當 membertype_id 為 2 時傳回 TRUE

意思是，條件的寫法有很多種，而且能得到相同的結果。

運算結果一定是 1、0、NULL 其中之一，所以若在 WHERE 陳述式撰寫
傳回 1 的條件，就能只取得符合條件的記錄。

- 1（＝TRUE）條件**成立**

- 0（＝FALSE）條件**不成立**

- NULL 是條件在特殊情況**不成立**

「不為○○」這種否定的條件，讓人覺得好奇怪。

如果被 **TRUE** 或 **FALSE** 搞混了，不妨直接想成條件成立不成立就好。

01-4 確認其他的比較運算子

讓我們試試其他的比較運算子。用資料為數值的欄位來試比較妥當。

例句　從 product 表格取得 price 小於 **200** 的記錄

```
SELECT
  *
FROM
  product
WHERE
  price < 200;
```

200

price ←──○ 不包含

product_id	product_name	stock	price
1	藥用入浴劑	100	70
3	溫泉之鄉草津	4	120
4	溫泉之鄉湯布院	23	120

比較運算子也可以寫在非 WHERE 陳述式的陳述式，雖然平常很少用，不過讓我們試著在沒有 FROM 陳述式的 SQL 使用，確認一下運算結果。

例句 試著使用各種比較運算子

```
SELECT
  1 <=> 2, 1 <> 2, 2 < 2,
  2 <= 2, 2 > 1, 2 >= 2;
```

1 <=> 2	1 <> 2	2 < 2	2 <= 2	2 > 1	2 >= 2
0	1	0	1	1	1

這次是利用逗號間隔各種比較運算子，將所有的運算寫在一起，但也可以寫成不同的 SELECT 陳述句，再確認比較運算子的運算結果。有時間的話，不妨試著比較不同的值。

① 注意

沒有 FROM 陳述式的 SQL

一般來說，SELECT 陳述句都有 FROM 陳述式，但也有缺少 FROM 陳述式的寫法。不打算從任何一個表格取得資料時，就不需要撰寫 FROM 陳述式。後面偶爾也會用到這種寫法，請大家先在這裡學起來喔。

資料庫裡的資料種類有很多種

資料庫的欄位可存放數值、字串或其他種類的資料，但一開始通常要先決定放哪種資料。取得資料的 SQL 會因為資料種類而寫成不同內容，所以，我們先來徹底了解資料的種類吧！

02-1 什麼是資料類型？

資料庫的資料一定是「某種類型的資料」，而欄位也必須先決定要存放哪種類型的資料。

資料的種類就是文字、整數、小數這些不同的資料。

這些資料的種類又稱為**資料類型**（Data Type）。

主要的資料類型與寫法如下。

資料種類	資料類型	資料寫法
字串	CHAR、VARCHAR、TEXT	'A'、"abc123"、' 甲乙丙丁戊 '
整數	INT、TINYINT	123、123456
實數（小數）	DOUBLE、FLOAT、DECIMAL	3.14、123.000
日期與時間	DATE、DATETIME	'2020-01-01'、'2020/01/01'、'2020-01-01 01:23:45'
布林類型	BOOLEAN	1（TRUE）、0（FALSE）
緯度經度	GEOMETRY	'POINT(139.721.251 35.689607)'

資料類型還有很多，不過知道上述這些應該就夠了。

INT 或 DOUBLE 這類數值的資料類型可直接輸入數字。

字串或日期、時間的資料則需要先以單引號（'）或雙引號（"）括住，通常會使用單引號。

02-2 什麼是 NULL ？

到目前為止出現過很多次的 **NULL** 代表沒有任何資料的狀態，也就是代表「無輸入」的保留字。字串可輸入長度為 0 的資料，但這不算是 NULL 的狀態。

讓我們試著在 `customer` 表格追加下列兩筆記錄。

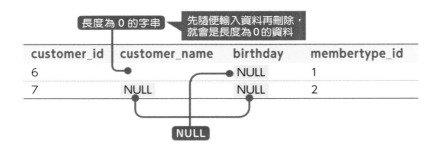

NULL 的部分不需輸入任何內容。
新增完畢後，按下「Apply」套用至資料庫。

MySQL Workbench
會顯示 NULL 的符號。

首先讓我們將長度為 0 的字串設定為條件。

字串需要以單引號或雙引號括住。長度為 0 的字串因為沒有任何字串，所以直接輸入兩次單引號，寫成「''」即可。

例句 從 customer 表格取得 customer_name 為 '' 的 customer_id

```
SELECT
    customer_id
FROM
    customer
WHERE
    customer_name = '';
```

「字串的寫法」
'大川裕子' ● ← 字串「大川裕子」

'' ● ← 長度為 0 的字串「」

NULL ● ← NULL的資料

customer_id
6

customer_name 為 NULL 的記錄不符合條件。

若要將 customer_name 為 NULL 設定為條件，要使用「IS NULL」語法，而不是「=NULL」。

例句 從 customer 表格取得 customer_name 為 NULL 的 customer_id

```
SELECT
    customer_id
FROM
    customer
WHERE
    customer_name IS NULL;
```

customer_id	customer_name
6	
7	NULL

一致的寫法

customer_name = ''

customer_name IS NULL

customer_id
7

NULL 是特別的資料，所以要使用特別的運算子進行比較，不能只使用「=」。

與 NULL 有關的運算子

運算子	使用方法	意義
IS NULL	a IS NULL	a 為 NULL
IS NOT NULL	a IS NOT NULL	A 不為 NULL

若想將「不為 NULL」設定為條件可使用 **IS NOT NULL**。不管是 IS NULL 還是 IS NOT NULL，都會傳回 1 (=TRUE) 或 0 (=FALSE) 的運算結果。

讓我們先刪除剛剛新增的兩筆記錄。

要刪除記錄可先從表格清單點選記錄最左側的欄位，接著按下滑鼠右鍵，點選「Delete Row(s)」即可。

點選「Apply」，再於下個確認畫面點選「Apply」刪除記錄。

冷知識

設定 NULL

要在曾經存入其他值的欄位設定 NULL，可在該欄位按下滑鼠右鍵，選擇「Set Field to NULL」。

設定完成後，點選「Apply」套用。

02-3 若利用比較運算子比較 NULL 會發生什麼事？

剛剛在說明比較運算子「<=>」的時候曾提到「a 等於 b（包含 NULL）」。

<=> 是可處理 NULL 的比較運算子。以 = 或 > 這類非 <=> 的運算子**讓 NULL 與自己或其他值比較，都只會得到 NULL 的結果**。要讓 NULL 與 NULL 或 NULL 以外的值比較是否相等時，可使用 <=> 運算子。

```
SELECT
  1 = NULL, 1 <=> NULL, NULL <=> NULL,
  1 != NULL, 1 <> NULL, 1 < NULL;
```

1=NULL	1<=>NULL	NULL<=>NULL	1!=NULL	1<>NULL	1<NULL
NULL	0	1	NULL	NULL	NULL

由於只有 <=> 可處理 NULL，所以在比較兩側的值之後，將傳回 1 或 0 的結果。若以其他運算子比較 NULL，只會得到 NULL 這個結果。

02-4 BOOLEAN 類型是神奇小子

BOOLEAN 的資料類型又稱為布林值，只有 1 或 0 的資料類型，當值為 1，代表的是 TRUE，為 0 則代表 FALSE。這種不是 TRUE 就是 FALSE 的值也稱為**邏輯值**，所以布林類型又稱為**邏輯類型**。

邏輯值	以數值表示	意義
TRUE	1	真
FALSE	0	偽

> BOOLEAN 類型就是值為這兩者其中之一的類型

要判斷資料的值是 BOOLEAN 類型的 TRUE 還是 FALSE，必須使用 **IS** 與 **IS NOT**。

與 BOOLEAN 類型有關的運算子

運算子	使用方法	意義
IS	a IS TRUE	a 為 TRUE
IS NOT	a IS NOT TRUE	a 不為 TRUE

若是建立 BOOLEAN 類型的欄位等於建立整數類型的 TINYINT(1) 欄位。TYININT (1) 是 1 位數的整數類型，所以不一定只能放入與 TRUE、FALSE 對應的 1 或 0，也可以放入其他的值。

由於布林值也是數值，所以 BOOLEAN 類型的資料的判斷條件也可以使用「=」運算子，但結果會與使用 IS 的情況不同。

```
SELECT
  1 = TRUE, 1 = FALSE, 100 = TRUE,
  1 IS TRUE, 1 IS NOT TRUE,
  0 IS FALSE, 100 IS TRUE;
```

1=TRUE	1=FALSE	100=TRUE	1 IS TRUE	1 IS NOT TRUE	0 IS FALSE	100 IS TRUE
1	0	0	1	0	1	1

使用「＝」進行判斷時，會將 TRUE 與 FALSE 轉換為 1 與 0，換言之，以 1 或 0 以外的數值與 TRUE 或 FALSE 比較，都會得到「不一致」的結果。

若使用「IS」進行判斷，只有 0 會被判定為 FALSE，其他數值將判定為 TRUE。

03 了解操作字串的方法

大家應該都有在搜尋引擎搜尋字串的經驗吧？字串搜尋到底是什麼樣的機制呢？接著就為大家說明。

03-1 要怎麼搜尋字串呢？

可使用比較運算子 = 或 != 判斷字串是否一致。字串需要以單引號或雙引號括住。

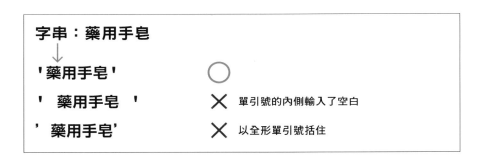

例句 從product表格取得product_name為藥用手皂的記錄

product_id	product_name	stock	price
2	藥用手皂	23	700

順利完成搜尋了。不過,以「=」運算子比較字串暗藏一些問題。

讓我們試著建立只有 INT 類型與短字串類型的表格,表格名稱為 search。

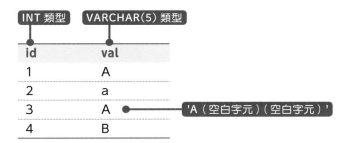

只有 id 值為 3 的資料是在字元之後輸入兩個空白字元。接著讓我們從 search 表格取得 val 為 'A' 的記錄。

例句　從 search 表格取得 val 為 'A' 的記錄

```
SELECT
  *
FROM
  search
WHERE
  val = 'A';
```

id	val
1	A
2	a
3	A

咦，我以為只會取得 id＝1 的記錄耶。

是啊，字串的操作有一點麻煩喲！

乍看之下沒什麼問題，但小寫的 'a' 與 A 之後接著兩個空白字元的 'A　' 都符合條件。換言之，將搜尋條件從 'A' 換成 'a' 或 'A　'，得到的結果是一樣的。

若以比較運算子比較字串，會出現以下問題：

● **大小寫的英文字母將被視為相同的字元**　　例）'a' 與 'A' 相同

● **結束的半形空白字元將被忽略**　　例）'A' 與 'A　' 相同

假設欄位只有 'A' 或 'B' 的資料，那麼就算使用比較運算子設定條件也不會有問題。

03-2 試著使用 BINARY

現在我們知道以「＝」運算子比較字串會有一些問題，但是若改用 BINARY，就能一口氣解決上述大小寫英文字母被視為相同以及結尾的半形空白字元被忽略的問題。

例句　從 search 表格取得 val 為 'A' 的記錄

```
SELECT
  *
FROM
  search
WHERE
  val = BINARY 'A';
```

id	val	val = 'A'	val = BINARY 'A'
1	A	1	1
2	a	1	0
3	A	1	0
4	B	0	0

id	val
1	A

只搜尋到與 `'A'` 完全一致的字串了。

若想以精準的條件搜尋字串，記得加上 BINARY。

03-3 如果只想搜尋部分一致的字串該怎麼做？

若想搜尋字串是否一致，除了使用「=」運算子，還可以使用 LIKE 或 NOT LIKE。

與搜尋字串有關的運算子

運算子	使用方法	意義
LIKE	a LIKE b	a 與 B 一致
NOT LIKE	a NOT LIKE b	a 與 B 不一致

從 search 表格取得 val 為 'A' 的記錄

```
SELECT
  *
FROM
  search
WHERE
  val LIKE 'A';
```

id	val
1	A
2	a

使用「=」運算子進行判斷時，字串結尾的空白字元雖然會被忽略，但改用 LIKE 就不會被忽略，會將 'A' 與 'A   ' 判斷為不一致的字串。

不過，大小寫英文字母還是會被判斷為相同的字元，所以要解決這個問題，還是建議大家加上 BINARY。

> **例句** 從 search 表格取得 val 為 'A' 的記錄
>
> SELECT
>   *
> FROM
>   search
> WHERE
>   val LIKE BINARY 'A';

id	val
1	A

從上述的例句來看，好像使用「=」運算子或「LIKE」都很好，但 LIKE 還可以判斷字串是否只有**部分一致**。

如果想搜尋部分一致的字串，可把程式寫成下列的內容。字串「藥用」的後面立刻接著半形的「%」，然後再以單引號或雙引號括住。

> **例句** 從 product 表格取得 product_name 的開頭為「藥用」的記錄
>
> SELECT
>   *
> FROM
>   product
> WHERE
>   product_name LIKE '藥用%';

[開頭為'藥用'的記錄]	
藥用○○	○
○藥用	×
○○藥用	×

product_id	product_name	stock	price
1	藥用入浴劑	100	70
2	藥用手皂	223	700

如果搜尋條件只是 ' 藥用 '，只會得到 product_name 只有 ' 藥用 ' 的記錄。在搜尋字串加上「%」有「%」的位置為 0 個字元以上的字串。

在搜尋字串加上「_」則有「_」為任何一個字元的意思。在 LIKE 的部分指定特殊字元的「%」或「_」，就能指定「部分一致」這種條件。

運算子	意義
%	0 個以上的字元
_	任何一個字元

這種該不會就是什麼都可以代表的萬用字元吧？

是的，順帶一提，「一致」又可改稱為「吻合」。

' 藥用 %' 的意思是當字串的開頭為 ' 藥用 '，也就是 ' 藥用入浴劑 ' 這類字串時，就判斷字串與搜尋字串一致，不管是否只有 ' 藥用 ' 兩字，也不管 ' 藥用 ' 的後面接了什麼字元，都會判斷為一致。

「%」與「_」可於字串的任何位置插入，也可以重複使用。

比方說要搜尋的是 ' 玫瑰的入浴劑（藥用）'，從中可以發現 ' 藥用 ' 的前後都有字串，所以必須將搜尋條件寫成 '% 藥用 %'，否則無法判斷為一致。

例）與搜尋條件的寫法一致的字串範例

- '藥用%'　　　'藥用入浴劑'，'藥用手皂'
- '%藥用%'　　　'藥用入浴劑'，'藥用手皂'，'玫瑰的入浴劑（藥用）'
- '藥用___%'　'藥用入浴劑'

「_」的部分相當於任何一個字元，所以「__」代表兩個字元，因此會搜尋與「__」的部分完全吻合的記錄。

03-4 讓特殊字元逸脫

LIKE 的「%」與「_」擁有特殊功能。

不過，若是想在搜尋的字串輸入「%」與「_」這兩個字元又該怎麼做？

讓我們試著在 product 表格新增下列兩筆記錄。

product_id	product_name	stock	price
5	草莓肥皂 100%	10	150
6	100% 牛奶入浴劑	15	140

這兩筆記錄的 product_name 都有「100%」的字眼。如果直接在程式碼輸入 '100%'，會被解讀成 '100' 之後為任意字串。

希望「%」為搜尋字串時，必須讓具有特殊意義的「%」與一般字元的「%」有所區別。要讓「%」只是一般字元，可在「%」前面加上「\」，而這個就稱為**逸脫**處理。

「\」可直接利用鍵盤輸入。若是在文字編輯器或其他非 MySQL Workbench 的畫面輸入也沒問題，如果會有問題，通常是作業系統或字型出錯，在 Windows 輸入應該不會有問題。

要注意的是，若是從其他工具複製「\」再貼入 MySQL Workbench，
有可能會因為出現亂碼而無法進行逸脫處理。

例句　從 product 表格取得 product_name 有 '100%' 的記錄

```
SELECT
    *
FROM
    product
WHERE
    product_name LIKE '%100\%%';
```

與 「%100\%%一致」	
果汁100%	○
100%果汁	○
果汁100橘子	×

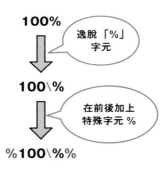

100%

逸脫「%」字元

100\%

在前後加上特殊字元 %

%100\%%

product_id	product_name	stock	price
5	草莓肥皂 100%	10	150
6	100% 牛奶入浴劑	15	140

請確認是否取得具有 '100%' 字串的記錄。除了「%」之外，還有其他
需要逸脫處理的特殊字元，這些字元都具有特殊意義，有的還無法直接
從鍵盤輸入。

需要逸脫處理的主要特殊字元

逸脫字元	意義	逸脫字元	意義
\%	字元「%」	\n	換行字元
_	字元「_」	\t	定位點字元
\\	字元「\」	\b	退後鍵字元
\'	字元「'」	\r	歸位換行字元
\"	字元「"」		

除了 LIKE 之外，若是遇到需要在字串輸入特殊字元時，就可使用上述的語法。比方說，要在字串輸入單引號，可直接利用雙引號括住字串，但如果就是想用單引號來寫，可對字串的內容進行逸脫處理。

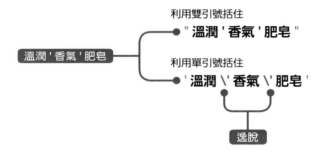

利用雙引號括住　"溫潤 ' 香氣 ' 肥皂"

溫潤 ' 香氣 ' 肥皂

利用單引號括住　' 溫潤 \' 香氣 \' 肥皂 '

逸脫

03-5 試著比較大小

= 運算子可於字串、日期或其他資料類型的資料使用。以此類推，> 或 <= 這類比較運算子也能用來比較字串或日期的大小。

customer_id	customer_name	birthday	membertype_id
1	阿部彰	1984-06-24	2
3	竹村仁美	1976-03-09	2

接著讓我們比較字串看看。使用的是之前建立的 search 表格。

id	val
4	B

基本上，字串是根據字典順序比較，所以字典順序大於 'A' 的 'B' 符合條件。字典順序與數值順序的差異可從數值或字串的自行比較結果得知。

```
SELECT
  '4' < '10', 4 < 10;
```

'4'<'10'	4<10
0	1

數值的 4 與 10 當然是 4 比較小，但是當 4 與 10 不是數字，而是字串時，就會以字典順序比較，從結果便可得知 '4' 比 '10' 大。第 5 章將為大家進一步說明這裡的順序。

💡 **冷知識**

取得資料類型

要正確操作資料，就必須正確掌握各欄位的資料類型，否則無法得到需要的結果。

各欄位的資料類型可利用工具確認，或是執行「DESC 表格名稱;」就能確認。

問題 1

對 book 表格執行表格執行 ①、② 的 SQL，會分別得到什麼結果？請試著寫下結果。

「book」※ 第一列為資料類型

INT	VARCHAR(45)	VARCHAR(45)	INT	DATE
id	book_name	publisher	price	release_date
1	義大利語入門	世界社	1200	2019-11-12
2	法語入門	世界社	1200	2019-11-14
3	歡迎光臨！法語	言葉社	980	2019-11-15
4	德語單字集	言葉社	800	2019-11-15
5	Chao! 義大利語	世界社	2300	2019-12-01
6	有趣的義大利語	全球社	1500	2019-12-23

① SELECT
```
    id,
    book_name,
    price
  FROM
    book
  WHERE
    publisher = ' 世界社 ';
```

② SELECT
```
    *
  FROM
    book
  WHERE
    book_name LIKE '% 義大利語 %';
```

問題 2

試著在□的位置輸入條件缺少的部分。

① `price` 大於等於 1000 以上
  `price` [____] `1000`

② `release_date` 不為 `'2019-11-15'`
  `release_date` [____] `'2019-11-15'`

③ `column_a` 為 NULL 的情況
  `column_a` [____]

④ `column_b` 不包含 `'字串'` 的情況
  `column_b` [____]

問題 3

試著回答下列字串逸脫之後的結果。

① 價錢為 \100

② 1（定位點字元）' 資料 2 '

　※（定位點字元）代表定位點。

解 答

問題 1 解答

①

id	book_name	price
1	義大利語入門	1200
2	法語入門	1200
5	Chao! 義大利語	2300

②

id	book_name	publisher	price	release_date
1	義大利語入門	世界社	1200	2019-11-12
5	Chao! 義大利語	世界社	2300	2019-12-01
6	有趣的義大利語	全球社	1500	2019-12-23

問題 2 解答

① >=

② != 或 <>

③ IS NULL

④ NOT LIKE '%字串%'

問題 3 解答

① 價錢為 \\100

② 1\t\' 資料2\'

第3章 在〇〇取得類似△△的資料

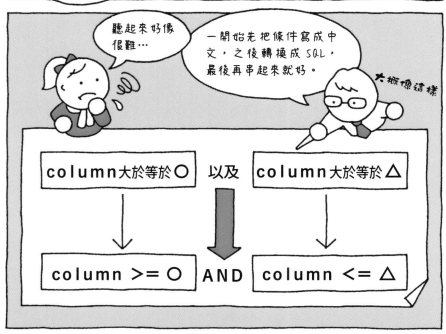

01 將多個條件串起來

我們可以指定取得資料的條件，一次指定多重條件能讓條件
變得更嚴格或寬鬆。

01-1 什麼是邏輯運算子？

我們在前一章學會了指定條件再取得資料的方法，不過當時只指定了一
個條件，但其實可一次指定兩個條件以上。

要指定「大於等於 ○ 而且小於等於 △」這種兩個條件組合而成的條件
必須使用專用的運算子。

這種專用的運算子稱為**邏輯運算子**。邏輯運算就是以 1（=TRUE）或 0
（=FALSE）這種邏輯值進行的運算，結果不是 1 就是 0，而 SQL 除了
1 與 0，還有 NULL 這個值。

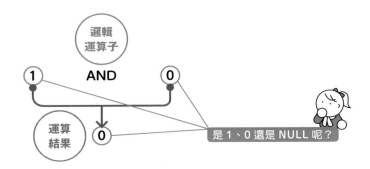

本書將所有的邏輯運算子整理成下面這張表格。

名稱	運算子	使用方法	意義
交集	AND &&	a AND b a && b	若 a,b 都為 1，傳回 1
聯集	OR ||	a OR b a || b	若 a,b 有一方為 1 則傳回 1
否定	NOT !	NOT a !a	若 a 為 0 則傳回 1，若不是 0，都傳回 0
互斥	XOR	a XOR b	若 a,b 有一邊為 1 則傳回 1，否則都傳回 0

感覺突然變得好難！

沒關係，一下子就會習慣了。
待會為妳依序解說吧！

邏輯運算的結果不是 1 就是 0，只有在特殊情況下才會傳回 NULL。

01-2 試著使用 AND

一開始讓我們從先 AND（&&）開始學習。基本上 AND 與 && 是一樣的意思，本書統一使用 AND。假設 AND 運算子左右兩側的條件的結果為 1 就傳回 1，否則就傳回 0。

讓我們試著利用 AND 運算子從 product 表格取得 price 大於等於 100，小於 150 的記錄。

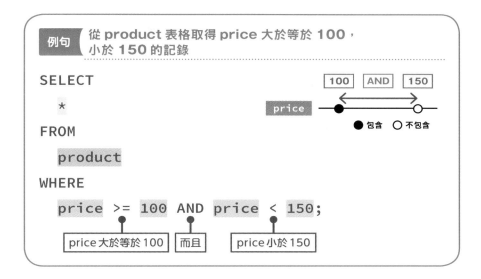

例句 從 product 表格取得 price 大於等於 100，小於 150 的記錄

```
SELECT
    *
FROM
    product
WHERE
    price >= 100 AND price < 150;
```

| price 大於等於 100 | 而且 | price 小於 150 |

100 | AND | 150

price ●包含 ○不包含

product_id	product_name	stock	price
3	溫泉之鄉草津	4	120
4	溫泉之鄉湯布院	23	120
6	100% 牛奶入浴劑	15	140

我們取得 price 大於等於 100 以及小於 150 的記錄了。接著要進一步分析這個結果。

[product]

商品 ID	商品名稱	庫存量	單價
1	藥用入浴劑	100	70
2	藥用手皂	23	700
3	溫泉之鄉草津	4	120
4	溫泉之鄉湯布院	23	120
5	草莓肥皂 100%	10	150
6	100% 牛奶入浴劑	15	140

演算結果

price >= 100	price < 150	price >= 100 AND price < 150
0	1	0
1	0	0
1	1	1
1	1	1
1	0	0
1	1	1

→

在這個例子裡，只要從左往右看，有看到任何一個 0，結果就一定是 0。

意思就是 AND 會讓條件變得更嚴格囉！

只有當條件「price >= 100」與條件「price < 150」都為 1 的時候，結果才會是 1。只要有一個條件為 0，結果就一定是 0。

條件為 ○○ 與 △△ 的「與」就是 AND。如果還不太熟悉條件的寫法，可先寫成中文，再把每個條件轉換成 SQL。

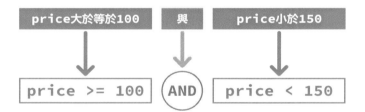

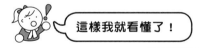

這樣我就看懂了！

就算條件變多，也能用這個方法轉換。

也可以再多設定幾個條件。讓我們試著在「price >= 100」與「price < 150」的條件新增一個「stock 大於等於 10」的條件。

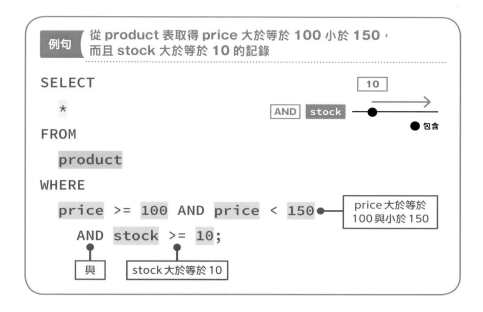

product_id	product_name	stock	price
4	溫泉之鄉湯布院	23	120
6	100% 牛奶入浴劑	15	140

一開始會判斷「`price >= 100 AND price < 150`」這個條件是否成立，接著再以「`AND stock >= 10`」判斷「`price >= 100 AND price < 150`」的結果。

若以相同的運算子連結條件，會依照條件的順序進行判斷。

當左右的值都不為 NULL，AND 的結果不是 1 就是 0。如果左右的值有一側是 NULL，例如「0 AND NULL」將傳回 0，「1 AND NULL」與「NULL AND NULL」則會傳回 NULL。

01-3 試著使用 OR

接著讓我們學習 OR（||）的使用方法。位於 OR 運算子左右兩側的條件若有一邊是 1，就會傳回 1，否則就傳回 0。

讓我們試著利用 OR 運算子，從 product 表格取得 price 小於 100 或大於等於 150 的記錄。

product_id	product_name	stock	price
1	藥用入浴劑	100	70
2	藥用手皂	23	700
5	草莓肥皂 100%	10	150

取得 price 小於 100 或大於等於 150 的記錄了。讓我們試著分析結果。

[product]

product_id	product_name	stock	price
1	藥用入浴劑	100	70
2	藥用手皂	23	700
3	溫泉之鄉草津	4	120
4	溫泉之鄉湯布院	23	120
5	草莓肥皂 100%	10	150
6	100% 牛奶入浴劑	15	140

演算結果

price < 100	price >= 150	price < 100 OR price >= 150
1	0	1
0	1	1
0	0	0
0	0	0
0	1	1
0	0	0

→

在這個例子裡，只要從左往右看，有看到任何一個 1，結果就一定是 1。

意思就是 OR 與 AND 相反，會讓條件變得更寬鬆耶！

只要「price < 100」與「price >= 150」這兩個條件有一邊是 1，結果就會是 1，換言之，只有兩邊都是 0，結果才會為 0。

○○ 或是 △△的「或是」可利用 OR 代替。

也可以增設條件。讓我們試著取得「price < 100」或「price >= 150」或「stock 大於等於 20」的記錄。

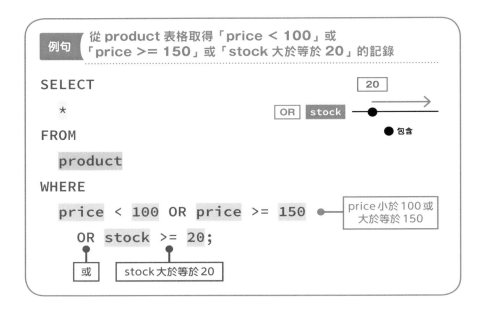

product_id	product_name	stock	price
1	藥用入浴劑	100	70
2	藥用手皂	23	700
4	溫泉之鄉湯布院	23	120
5	草莓肥皂 100%	10	150

上述的程式會先判斷「price < 100 OR price >= 150」是否成立，接著再以「OR stock >= 20」進行判斷。

只要 OR 左右的值不為 NULL，就會傳回 1 或 0 的結果。如果有一邊出現 NULL，那麼「0 OR NULL」與「NULL OR NULL」將傳回 NULL，「1 OR NULL」將傳回 1。

01-4 試著使用 NOT

NOT（！） 會在後續條件的運算結果或值為 0 時傳回 1，否則都傳回 0。

讓我們試著利用 NOT 從 `customer` 表格取得 `membertype_id` 不為 1 的記錄。

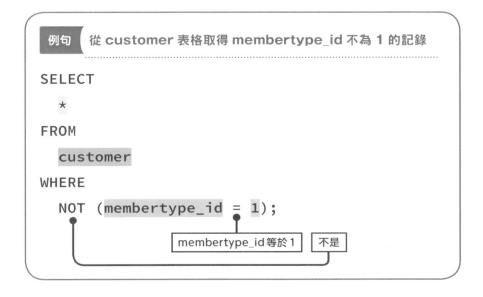

例句 從 **customer** 表格取得 **membertype_id** 不為 **1** 的記錄

```
SELECT
    *
FROM
    customer
WHERE
    NOT (membertype_id = 1);
```

membertype_id等於1　不是

customer_id	customer_name	birthday	membertype_id
1	阿部彰	1984-06-24	2
3	竹村仁美	1976-03-09	2
5	大川裕子	1993-04-21	2

取得 `membertype_id` 不為 1 的記錄了。讓我們進一步分析結果。

[customer]

customer _id	customer _name	birthday	member type_id
1	阿部彰	1984-06-24	2
2	石川幸江	1990-07-16	1
3	竹村仁美	1976-03-09	2
4	原和成	1991-05-04	1
5	大川裕子	1993-04-21	2

[運算結果]

membertype _id = 1	NOT (membertype _id = 1)
0	1
1	0
0	1
1	0
0	1

把「**membertype_id=1**」的運算結果
反過來就可以了耶！

當 [`membertype_id=1`] 的 結 果 為 0， 就 會 傳 回 1， 若
[`membertype_id=1`] 的結果為 1 就會傳回 0。想否定條件，也就
是不為 ○○ 的時候，可利用 NOT 撰寫條件。

要在 NOT 後面撰寫條件式的時候，寫成「NOT (`membertype_`
`id=1`)」的格式，也就是用括號括住條件也沒問題。

順帶一提，NOT NULL 的結果為 NULL。

為什麼使用括號？

這裡的括號與數學的括號具有相同的功能，括號的部分會先運算。

其實剛剛的例子就算不加括號，只寫成「`NOT membertype_id=1`」，結果也是一樣，但不在 **NOT** 後面加上括號，有時候會因為運算子有優先順序而得到不一樣的結果，而運算子的優先順序會在本章的後半段進一步說明。

01-5 試著使用 XOR

接著讓我們試著使用 **XOR**。XOR 稱為**互斥**。當 XOR 左右兩側的條件只有一邊為 1，就會傳回 1，否則都傳回 0。

接著讓我們試著使用 XOR，從 `product` 表格取得 `price` 大於等於 100，或是只於 150 的記錄。

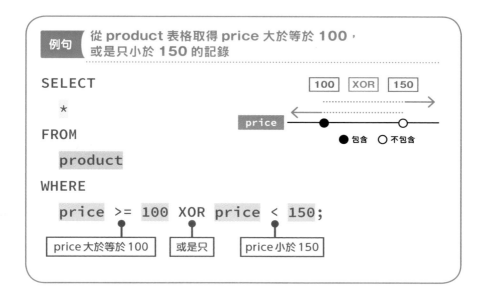

121

product_id	product_name	stock	price
1	藥用入浴劑	100	70
2	藥用手皂	23	700
5	草莓肥皂 100%	10	150

取得 price 大於等於 100 或是低於 150 的記錄了。讓我們進一步分析結果。

[product]

運算結果

商品 ID	商品名稱	庫存量	單價	price >= 100	price < 150	price >= 100 XOR price < 150
1	藥用入浴劑	100	70	0	1	1
2	藥用手皂	23	700	1	0	1
3	溫泉之鄉草津	4	120	1	1	0
4	溫泉之鄉湯布院	23	120	1	1	0
5	草莓肥皂 100%	10	150	1	0	1
6	100% 牛奶入浴劑	15	140	1	1	0

這個 OR 兩邊都是 1 的情況不一樣？

只要記住兩邊不一樣就是 1 就夠囉！

XOR 運算子會在「price >= 100」與「price < 150」的條件為 0 與 1 或 1 與 0 的時候傳回 1，兩個條件都為 1 或 0 的時候，只會傳回 0。

XOR 可在設定只有某個條件成立的情況使用。

也可以另外新增條件。讓我們在「price >= 100」與「price < 150」的條件追加 stock 大於等於 100 的記錄。

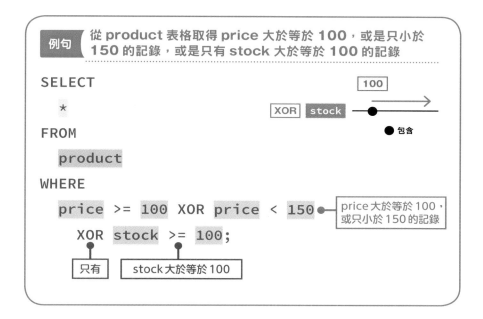

product_id	product_name	stock	price
2	藥用手皂	23	700
5	草莓肥皂 100%	10	150

上述的程式會先判斷「price >= 100 XOR price < 150」這個條件，接著再針對判斷結果執行「XOR stock >= 100」。

此外，以 XOR 運算子處理 NULL 時，只會傳回 NULL。

02

第 3 章　在 ○○ 取得類似 △△ 的資料

常見的組合條件

我們在前一節學到以邏輯運算子組合多個條件的方法了。AND 或 OR 是 WHERE 條件句常見的運算子。SQL 為了常見的組合條件內建了方便好用的運算子。

02-1　其他方便好用的運算子

SQL 很常使用「大於等於 ○ 而且小於等於 △」這種組合條件。一般來說，這類條件都會以 AND 運算子撰寫，但其實可以使用別的運算子撰寫，讓條件變得更簡潔易懂。在此為大家介紹這類方便好用的運算子。

方便好用的運算子

運算子	使用方法	意義
BETWEEN AND	BETWEEN a AND b	大於等於 a 與小於等於 b 的時候傳回 1
NOT BETWEEN AND	NOT BETWEEN a AND b	大於等於 a 與小於等於 b 不成立的時候傳回 1
IN	IN (a, b, c)	與 a,b,c 其中一個一致時傳回 1
NOT IN	NOT IN (a, b, c)	不與 a,b,c 任何一個一致時傳回 1

02-2　試著使用 BETWEEN 運算子

若使用之前學到的方法撰寫「大於等於 ○ 而且小於等於 △」的話，會寫成「column >= ○ AND column <= △」，但其實這個程式可利用 BETWEEN 改寫。

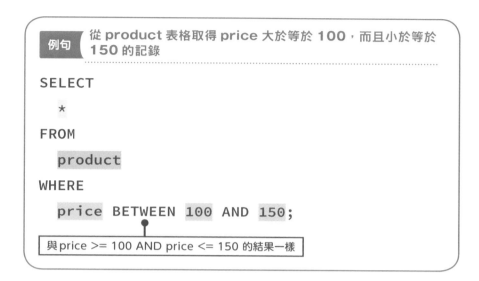

product_id	product_name	stock	price
3	溫泉之鄉草津	4	120
4	溫泉之鄉湯布院	23	120
5	草莓肥皂 100%	10	150
6	100% 牛奶入浴劑	15	140

BETWEEN 代表的是大於等於至小於等於的範圍，所以包含 **AND** 範圍的起點值與終點值。在 **BETWEEN** 的後面接上「大於等於」的值，接著插入 AND，再撰寫「小於等於」的值。

NOT BETWEEN 的結果則會相反。

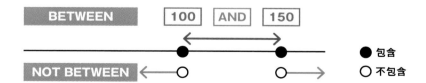

可從 AND 或 BETWEEN AND 之中
選擇比較順手的使用。

我覺得 BETWEEN 比較簡單！

例句 從 product 表格取得 price「不為」
大於等於 100 而且小於等於 150 的記錄

```
SELECT
  *
FROM
  product
WHERE
  price NOT BETWEEN 100 AND 150;
```

product_id	product_name	stock	price
1	藥用入浴劑	100	70
2	藥用手皂	23	700

BETWEEN 是指定範圍的運算子，所以也可用來指定日期。

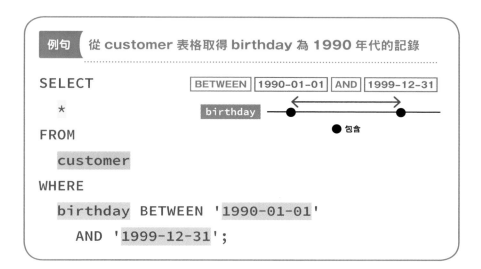

例句 從 customer 表格取得 birthday 為 1990 年代的記錄

```
SELECT
    *
FROM
    customer
WHERE
    birthday BETWEEN '1990-01-01'
        AND '1999-12-31';
```

BETWEEN | 1990-01-01 | AND | 1999-12-31

birthday

● 包含

customer_id	customer_name	birthday	membertype_id
2	石川幸江	1990-07-16	1
4	原和成	1991-05-04	1
5	大川裕子	1993-04-21	2

這次的條件為 1990 年代，所以範圍是 '1990-01-01' 到 1999-12-31，'1990-01-01' 與 '1999-12-31' 也在範圍之內。

02-3 使用 IN 運算子

若希望與一堆數值之中的某個值一致時，通常得使用 OR 撰寫條件，但這樣會寫成「column = ○ OR column = △ OR…」這種很冗長的條件，此時若改用 IN，就能把條件寫得很簡潔。

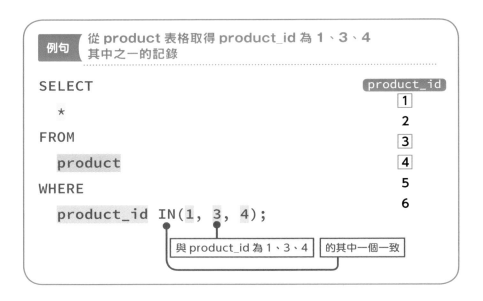

例句　從 product 表格取得 product_id 為 1、3、4 其中之一的記錄

```
SELECT
  *
FROM
  product
WHERE
  product_id IN(1, 3, 4);
```

product_id
1
2
3
4
5
6

與 product_id 為 1、3、4　的其中一個一致

product_id	product_name	stock	price
1	藥用入浴劑	100	70
3	溫泉之鄉草津	4	120
4	溫泉之鄉湯布院	23	120

IN 後面的部分可寫成「(1,3,4)」這種以逗號為數值間隔的列表語法。只要與其中一個一致就傳回 1，否則就傳回 0。

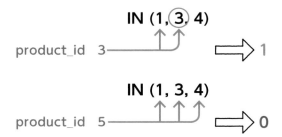

其實太常使用 OR 或 IN 會拖慢 SQL 的處理，所以適可而止就好。

接著讓我們取得與條件不一致的記錄，要使用的是 **NOT IN** 運算子。
NOT IN 會傳回與 IN 相反的結果。

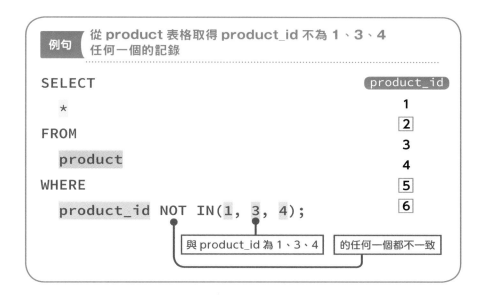

列表裡的資料也可是字串，比方說，我們有一個地址只有日本都道府縣
的 pref 欄位，若想取得與 '東京都''神奈川縣''千葉縣' 其中一個
字串一致的記錄，可將程式寫成「pref IN ('東京都','神奈川
縣','千葉縣')」。

IN 與 NOT IN 的列表可以塞入無限的內容，內容若是字串，長度可以
為 0，但不能指定為 NULL，否則結果會是 NULL。

pref IN ('東京都', '', NULL) ⟹ NULL

03 運算子有優先順序

我們能利用運算子取得需要的資料,但運算子有優先順序,所以一次使用多種運算子時,必須特別注意程式的寫法。

03-1 使用算術運算子

在說明運算子的優先順序之前,先為大家介紹加法、減法這類計算的運算子。這種算術運算的運算子稱為**算術運算子**。

算術運算子

運算子	使用方法	意義
+	a + b	a 加 b
-	a - b	a 減 b
*	a * b	a 乘 b
/	a / b	a 除 b
%	a % b	a 除 b 的餘數
DIV	a DIV b	a 除 b 的整數
MOD	a MOD b	a 除 b 的餘數

讓我們試著從 product 表格取得 stock 乘以 price 大於等於 5000 的記錄。

「stock 與 price 相乘的值」可利用 * 運算子寫成「stock * price」,而「大於等於 5000」的部分可寫成「>= 5000」。由兩個條件組成的 WHERE 句為「stock * price >= 5000」。

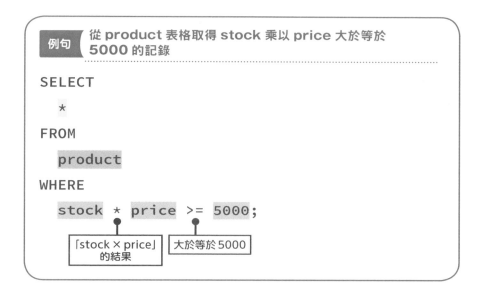

| 例句 | 從 product 表格取得 stock 乘以 price 大於等於 5000 的記錄 |

```
SELECT
  *
FROM
  product
WHERE
  stock * price >= 5000;
```

「stock × price」的結果 　 大於等於 5000

product_id	product_name	stock	price
1	藥用入浴劑	100	70
2	藥用手皂	23	700

算術運算子也可在 WHERE 句之外的地方使用，例如很常在 SELECT 句使用。

| 例句 | 從 product 表格取得 product_name 與「stock 與 pirce 相乘的值」 |

```
SELECT
  product_name,
  stock * price
FROM
  product;
```

在 SELECT 句使用算術運算子

小數點或負數也能使用算術運算子計算。

```
SELECT
  1 + 2.5, 5 - 2, 2 * -3, 7 / 2,
  7 % 2, 7 DIV 2, 7 MOD 2;
```

1 + 2.5	5 - 2	2 * -3	7 / 2	7 % 2	7 DIV 2	7 MOD 2
3.5	3	-6	3.5000	1	3	1

雖然都是除法，但「/」傳回的結果會包含小數點，「DIV」只傳回整數的部分。「%」與「MOD」的結果相同。

💡 冷知識

NULL 的運算

假設四則運算的對象為 NULL，結果將都是 NULL，若將除數指定為 0，結果也都是 NULL。

03-2 運算子的優先順序

到目前為止介紹了一些運算子，但是當我們同時使用多個運算子，就會從優先順序較高的運算子開始計算。

主要運算子的優先順序請參考下列表格。

主要運算子的優先順序

[優先順序]

演算子
BINARY
!
*, /, DIV, %, MOD
-, +
= (比較), <=>, >=, >, <=, <, <>, !=, IS, LIKE, IN
BETWEEN, CASE, WHEN, THEN, ELSE
NOT
&&, AND
XOR
||, OR

[優先順序]

同一列的運算子屬於相同的優先順序,所以寫在前面就會先執行。

💡 冷知識

SQL MODE

基本上,運算子的優先順序與上列表格一致,但指定 SQL 執行方式的 SQL MODE 就不一定是這樣,例如!與 NOT 的優先順位一樣或是 || 與 OR 的意義不同。SQL MODE 可在資料庫設定。

💡 冷知識

MySQL 使用的運算子

因版面有限,本書只介紹了一部分可在 MySQL 使用的運算子。能計算只以 0 與 1 組成的位元列的位元運算子(例如 ˜,&,<<)或是賦值運算子(:=)都是不常用的運算子,故予以省略。

03-3 運算子的使用規則？

讓我們先確認運算子的優先順序。

比較容易了解的順序是算術運算的優先順序，因為跟我們學過的順序是一樣的，例如先計算除法與乘法的部分，之後再計算加法與減法的部分，若有括號，先計算括號的部分。

```
SELECT
  1 + 2 * 3, (1 + 2) * 3;
```

以「1+2*3」為例，在沒有括號的情況下，2*3 的部分會先計算，所以計算結果會是 1+6=7，但如果寫成「(1+2)*3」就會優先計算括號的部分，計算結果也會變成 3*3=9。

接著讓我們試著使用 AND 與 OR。

```
SELECT
  *
FROM
  product
WHERE
  price < 130 OR price > 150 AND stock >= 20;
```

product_id	product_name	stock	price
1	藥用入浴劑	100	70
2	藥用手皂	23	700
3	溫泉之鄉草津	4	120
4	溫泉之鄉湯布院	23	120

AND 比 OR 優先，所以「price > 150 and stock >= 20」的部分會先計算，之後再以「price < 130」與 OR 計算。

所以將程式寫成「`price < 130 OR price > 150 AND stock >= 20`」的話，會取得 price 大於 150 而且 stock 大於等於 20，或是 price 小於 130 的記錄。

在 OR 的部分加上括號，優先順序就會高於 AND。

例句 從 product 表格取得 price 小於 130 或大於 150，而且 stock 大於等於 20 的記錄

```
SELECT
  *
FROM
  product
WHERE
  (price < 130 OR price > 150)      ← 這部分先計算
    AND stock >= 20;
```

---

product_id	product_name	stock	price
1	藥用入浴劑	100	70
2	藥用手皂	23	700
4	溫泉之鄉湯布院	23	120

讓我們一起記住運算子的優先順序規則吧！

[運算子的優先順序規則]

1. （）為第一優先
2. 優先順序可參考表格説明
3. 若優先順序相同，會從前面的部分開始計算

> 不需要全部背下來，只要記得 AND 與 OR 的順序就夠了。如果怕寫錯，可利用 () 指定優先順序！

問題 1

請對下列的 student 表格執行 ①、②、③ 的 SQL，看看會得到什麼結果？
請試著把結果寫下來。

[student]* 第 1 列為資料類型

INT	VARCHAR(45)	INT	INT	VARCHAR(2)	DATE
id	student_name	height	weight	blood_type	birthday
1	田中初美	160	51	O	1998-08-11
2	近藤秀一	172	65	A	1999-06-08
3	小坂紀子	158	48	B	1997-08-03
4	菅野美京	161	55	A	1998-01-23
5	木村步	168	62	O	1997-10-08
6	丹羽禮子	153	42	AB	1998-07-25

① SELECT
```
    id, student_name
 FROM
    student
 WHERE
    height >= 160 AND weight > 60;
```

② SELECT
```
    id, student_name
 FROM
    student
 WHERE
    height >= 170
       OR weight < 50
       OR blood_type = 'AB';
```

③ SELECT
```
    id, student_name
FROM
    student
WHERE
    NOT blood_type = 'A';
```

問題 2

若想從問題 1 的 student 表格取得下列的記錄時，該在 SQL 的 ⬚ 部分填入什麼？此外，請回答有幾筆記錄符合條件。

① height 小於等於 155 或是大於等於 165

```
SELECT
    *
FROM
    student
WHERE
    height <= 155 ⬚ height >= 165;
```

② blood_type 為 O，或是只有 weight 大於等於 60

```
SELECT
    *
FROM
    student
WHERE
    blood_type = 'O' ⬚ weight >= 60;
```

③ height 大於等於 155 而且小於等於 165，或是 weight 大於等於 50 而且小於等於 65

```
SELECT
    *
FROM
    student
```

```
WHERE
    height >= 155 [____] height <= 165
        [____] weight >= 50 [____] weight <= 65;
```

問題 3

以指定的方法重寫下列的 SQL。

① SELECT
```
    *
FROM
    student
WHERE
    birthday < '2000-01-01'
        AND birthday >= '1998-01-01';
```

方法：使用 BETWEEN 重寫

② SELECT
```
    *
FROM
    student
WHERE
    blood_type = 'A' OR  blood_type = 'B';
```

方法：使用 IN 重寫

問題 4

student 表格的 height 為身高（單位為 cm），weight 為體重（單位 kg）。若要利用這兩種資料計算身體質量指數 BMI 公式「體重 (kg)/ 身高 (m) 的平方」，下列哪個寫法才是正確的？

① weight/height/100*height/100

② weight/(height/100)*(height/100)

③ `weight/((height/100)*(height/100))`

④ `weight/(height/100)*2`

問題 5

請回答下列算式的計算結果。

① `0 OR 0 AND 1 OR 1`

② `(0 OR 0) AND (1 OR 1)`

③ `20 MOD 5`

④ `30 DIV 12`

⑤ `1+2*3-4*1`

解 答

問題 1 解答

①

id	student_name
2	近藤秀一
5	木村步

②

id	student_name
2	近藤秀一
3	小坂紀子
6	丹羽禮子

③

id	student_name
1	近藤秀一
3	小坂紀子
5	木村步
6	丹羽禮子

問題 2 解答

① OR 筆數：3

② XOR 筆數：2

③ `AND,OR,AND` 筆數：5

問題 **3** 解答

① SELECT
    *
  FROM
    student
  WHERE
    birthday BETWEEN '1998-01-01'
      AND '1999-12-31';

② SELECT
    *
  FROM
    student
  WHERE
    blood_type IN('A', 'B');

問題 **4** 解答

③

問題 **5** 解答

①1　②0　③0　④2　⑤3

第 **4** 章 統整資料

利用函數摘要資料

到目前為止，我們都是直接從資料庫取得資料，但其實
SQL 還能先統整資料再取得資料。

01-1 統整資料

為了學習統整資料的方法，要先建立 inquiry 這個儲存了問卷調查結
果的表格。欄位的內容分別是回答的 id、回答者的都道府縣的 pref、
代表年紀（10 幾歲、20 幾歲，…）的 age、代表評分（★ 0 ～ 5）的
star。

id	pref	age	star
1	東京都	20	2
2	神奈川縣	30	5
3	埼玉縣	40	3
4	神奈川縣	20	4
5	東京都	30	4
6	東京都	20	1

INT 類型　VARCHAR(5) 類型　TINYINT 類型　　TINYINT 類型

試著從 inquiry 表格取得都道府縣的 pref 欄位。

```
SELECT
  pref
FROM
  inquiry;
```

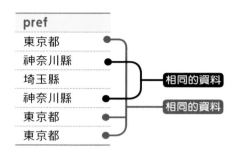

我們從表格取得 pref 欄位的所有資料了。可以發現，有很多一樣的資料。

DISTINCT 可將相同的資料統整成一筆，所以很常用來將重複的記錄統整成同一筆記錄。

| 例句 | 從 inquiry 表格取得沒有重複的 pref 欄位的資料 |

```
SELECT
    DISTINCT pref
FROM
    inquiry;
```

pref
東京都
神奈川縣
埼玉縣

pref 欄位的重複資料都被統整成一筆資料了。如果想知道欄位有多少資料重複，可在欄位前面加上 DISTINCT。

若要在 SELECT 句使用 DISTINCT，可將 DISTINCT 寫在要省略重複列的欄位前面。

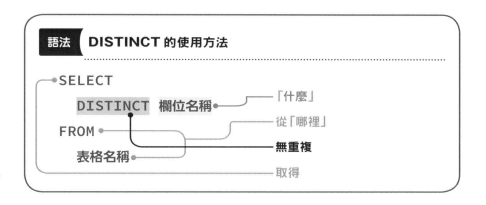

DISTINCT 會處理 SELECT 的結果。

id	pref	age	star
1	東京都	20	2
2	神奈川縣	30	5
3	埼玉縣	40	3
4	神奈川縣	20	4
5	東京都	30	4
6	東京都	20	1

SELECT pref FROM inquiry;

pref
東京都
神奈川縣
埼玉縣
神奈川縣
東京都
東京都

DISTINCT pref

pref
東京都
神奈川縣
埼玉縣

統整

不是取得的時候統整，而是統整 SELECT 的結果啊？

 對啊，因為 SELECT 句會依序執行每行程式，這個觀念非常重要喲！

使用 DISTINCT 的時候，也可以同時指定多個欄位。此時這些欄位的內容若有重複，也會統整為單筆資料。

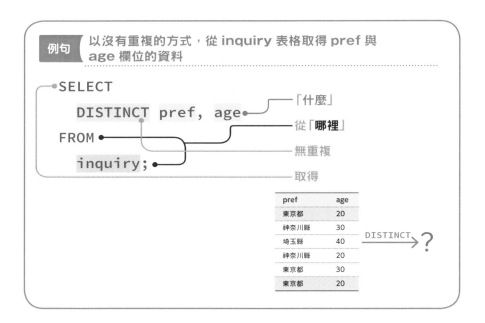

pref	age
東京都	20
神奈川縣	30
埼玉縣	40
神奈川縣	20
東京都	30

這個組合有兩個

有重複的記錄只有 pref 為 '東京都 '、age 為 20 的組合,所以將這種組合的資料統整為單筆資料。

01-2 什麼是函數?

想知道記錄有幾筆,也就是想取得列數時,利用 SELECT 取得所有記錄再計算是費工的事,此時若使用 COUNT 就能快速取得記錄的筆數。

例句 從 inquiry 表格取得記錄筆數
....
```
SELECT
    COUNT(*) ●──┤計算記錄的筆數│
FROM
    inquiry;
```

COUNT(*)
6

COUNT 並非保留字,而是**函數**。

函數就是能在輸入某種值之後,執行特定的處理,再輸出處理結果的程式,此輸入的值稱為**參數**,處理結果稱為**傳回值**。

[函數的機制]

[函數的寫法]　　**函數名稱 (參數)** ⟶ 傳回值

[COUNT 関数]　　　**COUNT (＊)** ⟶ 6

id	pref	age	star
1	東京都	20	2
2	神奈川縣	30	5
3	埼玉縣	40	3
4	神奈川縣	20	4
5	東京都	30	4
6	東京都	20	1

6列

 可以把函數記成指定什麼，就會傳回
什麼的魔法箱。

真是不可思議的箱子啊！

函數可根據參數傳回不同的值，而該指定什麼參數，又會傳回什麼值，
則是由函數的內容決定。

以 COUNT 函數為例，將參數指定為「＊」，寫成 COUNT(＊) 之後，就
能傳回記錄的筆數。若將參數指定為欄位名稱，寫成 COUNT(pref)
的格式，就能傳回 pref 的值不為 NULL 的記錄筆數。

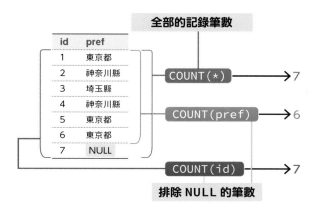

撰寫函數的時候，不能在函數名稱與括號之間插入空白字元，但有些 SQL 允許插入空白，括號之中有空白也沒問題。

SQL 還有很多函數可以使用，接下來也會為大家依序說明常用的函數。內建的函數雖多，但常用的並不多，請大家不用太擔心囉。

4

統整資料

> 💡 **冷知識**
>
> **有些函數只有某些 DBMS 才有**
> 在此要請大家注意的是，有些函數只有某些 DBMS 才有。以 MySQL Workbench 為例，保留字會以水藍色標記，函數名稱會以灰色標記，如果寫的是函數名稱卻以灰色標記的話，有可能寫錯函數名稱，此時要記得先修正再使用。

在使用 COUNT 函數時，有沒有人覺得怪怪的？

到目前為止，我們都是透過 FROM 取得所有記錄或是符合條件的記錄，而取得的記錄通常都有很多列，但是透過 COUNT 函數取得的記錄卻一定只有一個。COUNT 函數稱為**摘要函數**或**小計函數**，會先摘要目標資料的值再傳回一個結果。

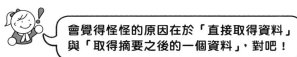
會覺得怪怪的原因在於「直接取得資料」與「取得摘要之後的一個資料」，對吧！

除了 COUNT 函數之外，還有其他的摘要函數。

摘要函數列表

函數名稱	參數	傳回值
COUNT	* 或欄位名稱	記錄或欄位的數量
SUM	欄位名稱	欄位的合計值
MAX	欄位名稱	欄位的最大值 若欄位的資料為字串，則傳回最大的字典順序，若為日期，則傳回最新的日期
MIN	欄位名稱	欄位的最小值 若欄位的資料為字串，則傳回最小的字典順序，若為日期，則傳回最舊的日期
AVG	欄位名稱	欄位的平均值

讓我們試著使用 COUNT 之外的摘要函數。

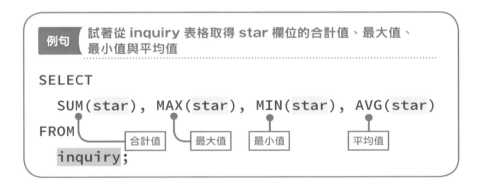

SUM(star)	MAX(star)	MIN(star)	AVG(star)
19	5	1	3.1667

由於摘要函數的結果只有一個，所以結果也只有一列。如果都是將結果整理成一個的摘要函數，可一起寫在 SELECT 句裡面。

可以在摘要函數加上 AS，替結果標記名稱，也可以在 SELECT 句寫 WHERE 句，只摘要符合條件的記錄。

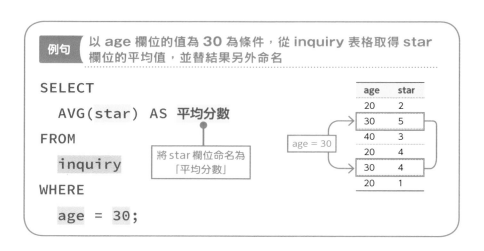

| 例句 | 以 age 欄位的值為 30 為條件，從 inquiry 表格取得 star 欄位的平均值，並替結果另外命名 |

```
SELECT
    AVG(star) AS 平均分數
FROM
    inquiry
WHERE
    age = 30;
```

將 star 欄位命名為「平均分數」

age	star
20	2
30	5
40	3
20	4
30	4
20	1

age = 30

平均分數
4.5000

age 為 30 的記錄的 star 欄位為 4 與 5，所以用 AVG 計算之後，可得到 4.5 這個平均值。

MAX 函數與 MIN 函數的參數也可以指定字串或日期的欄位。若指定為字串，最前面的字典順序最小，若指定為日期，最舊的日期為最小。

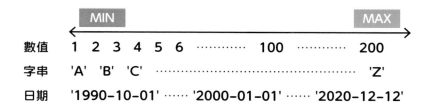

	MIN								MAX	
數值	1	2	3	4	5	6	…………	100	…………	200
字串	'A'	'B'	'C'	……………………………………					'Z'	
日期	'1990–10–01'	……	'2000–01–01'	……	'2020–12–12'					

01-4 摘要函數也有規則

摘要函數雖然可直接在 SQL 使用，但使用上還是有一些注意事項，接下來就為大家介紹這些注意事項。

重點 1 不是什麼地方都能寫摘要函數

摘要函數只能在 SELECT 句以及接下來介紹的 HAVING 句與 ORDER BY 句使用。

不能在 WHERE 句插入「AVG（star）< star」這種包含摘要函數的條件。

「AVG（star）< star」的意思應該是 star 的值大於整體平均吧？好像很常會用到這種條件耶？

摘要函數不能寫在 WHERE 句裡面，所以不能寫成「AVG（srat）< star」，要用其他方法來寫。

重點 2 只能傳回一個值的摘要函數

要在 SELECT 句使用摘要函數，就只能使用傳回一個值的摘要函數。

比方說，想從 inquiry 表取得 age 的最小值與 star 的值，不能寫成下列這種程式。

> **例句** 從 inquiry 表格取得 age 欄位的最小值與 star 欄位的值
> （這個程式不能執行或執行結果不正確）
>
> ```
> SELECT
>   MIN(age), star
> FROM
>   inquiry;
> ```

若只以 MIN（age）取得資料，會取得 20 這個結果。雖然 star 欄位共有 6 筆記錄，但不會得到下列的結果。

MIN(age)

id	pref	age	star
1	東京都	20	2
2	神奈川縣	30	5
3	埼玉縣	40	3
4	神奈川縣	20	4
5	東京都	30	4
6	東京都	20	1

age	star
20	2
20	5
20	3
20	4
20	4
20	1

 感覺一不小心就會寫出這種程式。

順帶一提，就算換個順序，寫成「SELECT star, MIN（age）～」也無法得到正確的結果。

能與摘要函數一起寫在 SELECT 句的只有 **常數**、摘要函數、
DISTINCT 與運算子。

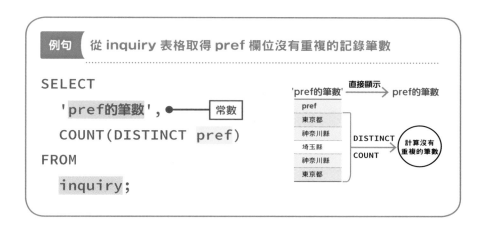

例句　從 inquiry 表格取得 pref 欄位沒有重複的記錄筆數

```
SELECT
    'pref的筆數',
    COUNT(DISTINCT pref)
FROM
    inquiry;
```

pref 的筆數	COUNT(DISTINCT pref)
pref 的筆數	3

常數就是固定的值，若在 SELECT 句撰寫數值或 'pref 的筆數 ' 這種字
串都會變成常數，也會直接顯示。當記錄有很多筆，所有的記錄都會以
相同的常數顯示。

重點 3　要注意有沒有 NULL

假設欄位有 NULL 的資料，除了 COUNT(*) 之外，所有的 NULL 都會
被忽略。

請試著在 inquiry 表格替 star 欄位新增一筆 NULL 的記錄。

id	pref	age	star
1	東京都	20	2
2	神奈川縣	30	5
~~	~~~	~~~	~~~
6	東京都	20	1
7	NULL	NULL	NULL	← 新增

試著在有 NULL 的情況執行摘要函數。

例句 從 inquiry 表格取得記錄筆數與 star 欄位的記錄筆數、合計值、最大值、最小值與平均值

```
SELECT
    COUNT(*), COUNT(star), SUM(star),
    MAX(star), MIN(star), AVG(star)
FROM
    inquiry;
```

取得所有記錄

取得 star 欄位的各種數值

COUNT(*)	COUNT(star)	SUM(star)	MAX(star)	MIN(star)	AVG(star)
7	6	19	5	1	3.1667

除了 COUNT(*) 之外，NULLD 值都被忽略。

如果 star 欄位的值都是 NULL，只有 COUNT(star) 的結果會是 0，其他摘要函數都會傳回 NULL。

star 欄位都為 NULL 的情況

COUNT(star)	SUM(star)	MAX(star)	MIN(star)	AVG(star)
0	NULL	NULL	NULL	NULL

NULL 有時會造成問題，有時不會，例如是否忽略 NULL 的項目，會算出不同的平均值。

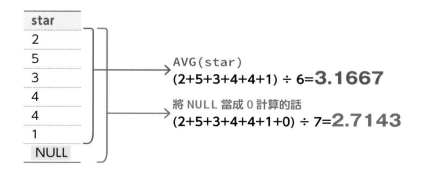

若不想忽略 NULL，可將 NULL 當成 0 或是以其他的方法計算，這部分會在第 6 章介紹。

02 群組化資料

可以將特定欄位具有相同值的記錄統整成一個群組。若是在每個群組使用之前對整張表格使用的摘要函數,就能摘要每個群組。

02-1 試著群組化資料

摘要函數的對象可以是表格的所有記錄,也可以是符合 WHERE 句的條件的記錄。

依照特定欄位群組化所有記錄,就能針對這些群組摘要。

比方說,要以 column2 欄位的內容替某張表格的資料建立群組,並對 column1 欄位使用摘要函數,可以透過下列方式進行。

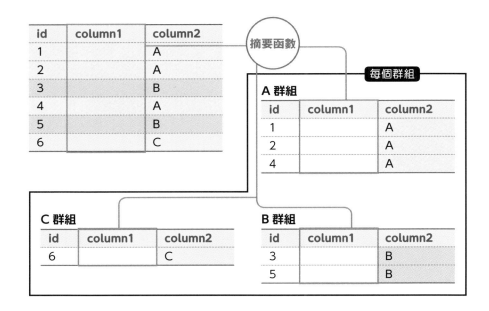

有種分割表格的感覺耶！

 inquiry 表格的 **pref** 欄位目前有三種資料。

inquiry 表格的 pref 欄位目前有三種資料。

pref
埼玉縣
東京都
神奈川縣

讓我們試著以 pref 的資料 '埼玉縣'、'東京都'、'神奈川縣' 替記錄建立不同的群組，再分別算出各群組的 star 平均值。要**群組化**記錄可使用 **GROUP BY 句**。

```
SELECT
  pref, AVG(star)
FROM
  inquiry
GROUP BY
  pref;
```

pref	AGV(star)
埼玉縣	3.0000
東京都	2.3333
神奈川縣	4.5000

SELECT 句的「AVG（star）」可傳回每個群組的 star 平均值。

群組化的過程如下。

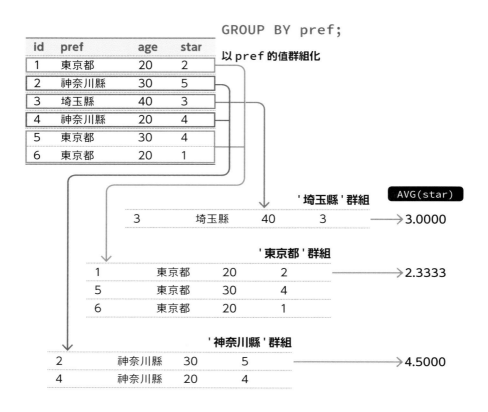

GROUP BY 句要寫在 FROM 句之後，GROUP BY 之後可指定要群組化的欄位。群組化的欄位名稱是摘要資料的根據，所以又被稱為**摘要鍵**。

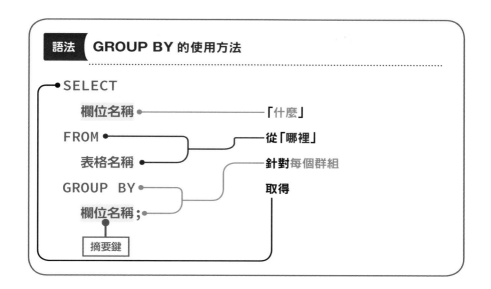

語法 **GROUP BY 的使用方法**

SELECT
　　欄位名稱 ●───────── 「什麼」
　FROM ●
　　表格名稱 ● ─────── 從「哪裡」
　GROUP BY ● ─────── 針對每個群組
　　欄位名稱 ; 　　　　　取得
　　　┌──────┐
　　　│ 摘要鍵 │
　　　└──────┘

若把 GROUP　BY 句寫成「GROUP　BY　pref」，pref 欄位就是摘要鍵。

假設作為摘要鍵的欄位有 NULL，NULL 也會自成一個群組。

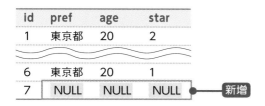

id	pref	age	star
1	東京都	20	2
〜	〜	〜	〜
6	東京都	20	1
7	NULL	NULL	NULL	● ─ 新增

```
SELECT
  pref
FROM
  inquiry
GROUP BY
  pref;
```

pref
NULL
埼玉縣
東京都
神奈川縣

NULL 也自成群組了。

讓我們先把 NULL 的記錄刪除。

02-2 可在 SELECT 句指定什麼？

群組化就是將多筆記錄整理成同一個群組的意思。對單一群組執行
SELECT 句，只會得到一列結果，無法取得多筆資料。

> **例句** 以 pref 欄位群組化 pref 與 age，再從 inquiry 表格取得
> 資料（此程式無法執行，或無法得到正確的結果）

```
SELECT
    pref, age
FROM
    inquiry
GROUP BY
    pref;
```

執行上述的 SQL 句無法得到下列的結果。

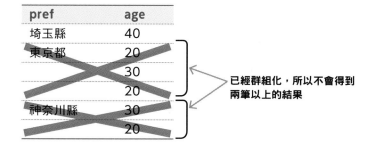

群組化資料之後，能在 SELECT 句指定的只有下列這三種，全部都只會
傳回單一值。

● 常數

● 摘要函數

● 摘要鍵的欄位名稱

163

```
SELECT
  '群組',          ← 常數
  pref,           ← 摘要鍵的欄位名稱
  COUNT(*)        ← 摘要函數
FROM
  inquiry
GROUP BY
  pref;           ← 摘要鍵
```

群組	pref	COUNT(*)
群組	埼玉縣	1
群組	東京都	3
群組	神奈川縣	2

能寫在 SELECT 句的欄位名稱只有摘要鍵的欄位名稱。假設摘要鍵為
pref，star 或其他的欄位名稱就無法寫在 SELECT 句。不過，像
AVG（star）這種只傳回一個值的摘要函數，參數就能指定非摘要鍵的
欄位名稱。

02-3 指定多個摘要鍵

用於群組化的摘要鍵可指定為欄位名稱，不過，若是想根據多個欄位群
組化資料該怎麼做？此時只需要指定多個欄位名稱。

摘要鍵可以指定很多個，只需要利用逗號間隔。

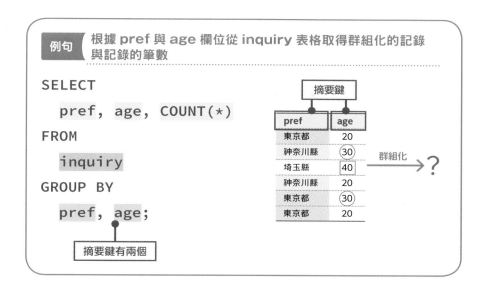

pref	age	COUNT(*)
埼玉縣	40	1
東京都	20	2
東京都	30	1
神奈川縣	20	1
神奈川縣	30	1

假設使用了 GROUP BY 句,就只有摘要鍵的欄位可在 SELECT 句使用,所以摘要鍵若有很多個,就能在 SELECT 句撰寫多個作為摘要鍵使用的欄位名稱。

讓我們先確認有很多個摘要鍵的情況。群組化資料時,會以摘要鍵的先後順序進行。

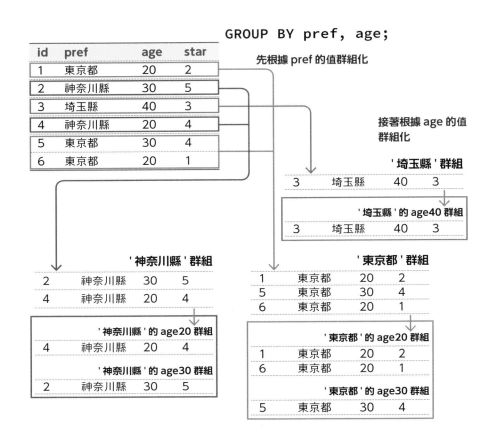

GROUP BY pref, age;

先根據 pref 的值群組化

接著根據 age 的值群組化

id	pref	age	star
1	東京都	20	2
2	神奈川縣	30	5
3	埼玉縣	40	3
4	神奈川縣	20	4
5	東京都	30	4
6	東京都	20	1

'埼玉縣'群組

3	埼玉縣	40	3

'埼玉縣' 的 age40 群組			
3	埼玉縣	40	3

'神奈川縣'群組

2	神奈川縣	30	5
4	神奈川縣	20	4

'神奈川縣' 的 age20 群組			
4	神奈川縣	20	4

'神奈川縣' 的 age30 群組			
2	神奈川縣	30	5

'東京都'群組

1	東京都	20	2
5	東京都	30	4
6	東京都	20	1

'東京都' 的 age20 群組			
1	東京都	20	2
6	東京都	20	1

'東京都' 的 age30 群組			
5	東京都	30	4

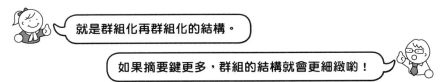

就是群組化再群組化的結構。

如果摘要鍵更多,群組的結構就會更細緻喲!

任何一個的摘要鍵都會與一個群組對應。

02-4 什麼時候執行 GROUP BY？

有 GROUP BY 句的 SELECT 句也能指定 WHERE 句。

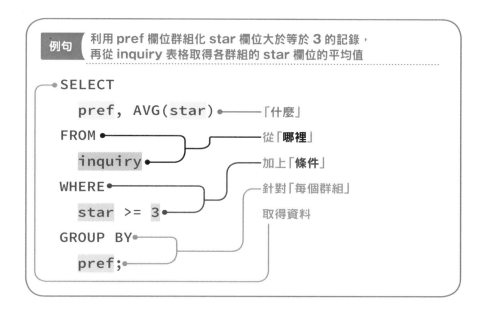

pref	AGV(star)
埼玉縣	3.0000
東京都	4.0000
神奈川縣	4.5000

假設使用了 WHERE 句，就會先以 WHERE 篩選記錄，之後再利用 GROUP BY 群組化這些記錄。

id	pref	age	star
1	東京都	20	2
2	神奈川縣	30	5
3	埼玉縣	40	3
4	神奈川縣	20	4
5	東京都	30	4
6	東京都	20	1

篩選出 star >= 3 的記錄

根據 pref 群組化記錄

id	pref	age	star
2	神奈川縣	30	5
3	埼玉縣	40	3
4	神奈川縣	20	4
5	東京都	30	4

3	埼玉縣	40	3
5	東京都	30	4
2	神奈川縣	30	5
4	神奈川縣	20	4

一開始先以 WHERE 句篩選記錄,接著再群組化這些記錄。

請大家務必記住 WHERE **句會比 GROUP BY 句先執行**這個規則。

替群組設定條件

如果在群組化記錄的時候，設定群組化的條件會得到什麼結果呢？在此為大家介紹設定群組化條件的方法，以及了解程式的執行順序。

03-1 替群組增加條件

寫在 WHERE 句的條件會套用在所有記錄上。由於 WHERE 句會比 GROUP　BY 句先執行，所以不能在 WHERE 句指定群組化條件。

要指定群組化條件必須使用 **HAVING 句**。

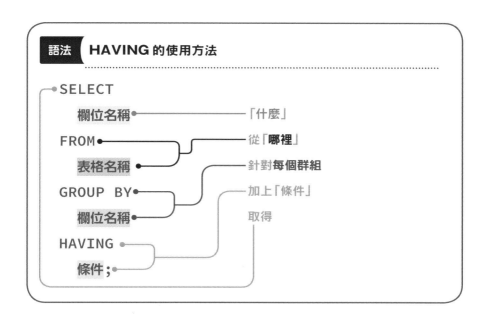

語法　HAVING 的使用方法

- SELECT
  - 欄位名稱 ──── 「什麼」
  - FROM ── 從「**哪裡**」
    - 表格名稱 ── 針對**每個群組**
  - GROUP　BY ── 加上「條件」
    - 欄位名稱 ── 取得
  - HAVING
    - 條件 ;

HAVING 句可接在 GROUP　BY 句後面，並在 HAVING 後面撰寫群組化條件。

讓我們試著在以 pref 欄位群組化 inquiry 表格的時候，只取得群組記錄筆數大於 2 的記錄，顯示群組化之後的 pref 與記錄筆數。

```
SELECT
  pref, COUNT(*)
FROM
  inquiry
GROUP BY
  pref
HAVING
  COUNT(*) >= 2;
```

pref	COUNT(*)
東京都	3
神奈川縣	2

群組化之後，再對每個群組執行摘要函數。SELECT 句的 COUNT(*) 以及 HAVING 句的 COUNT(*) 都可取得群組的摘要結果，唯一要注意的是，這裡的 COUNT(*) 的對象並非所有記錄。

由於 '埼玉縣' 群組的 COUNT(*) 為 1，所以不符合 HAVING 句的條件，因此只取得 '東京都' 與 '神奈川縣' 這兩個群組。

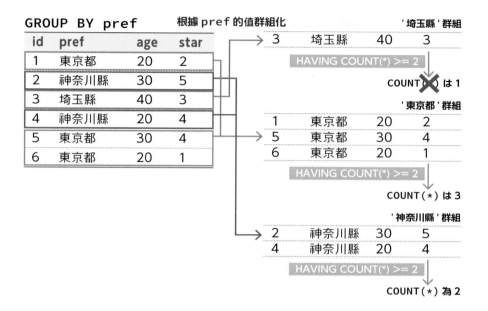

能寫在 HAVING 句的內容與群組化時使用的 SELECT 句一樣。

● 常數

● 摘要函數

● 摘要鍵的欄位名稱

其他就只有比較運算子或算術運算子。

比方說，star 欄位不是摘要鍵，雖然能當成摘要函數的參數使用，寫成「HAVING AVG(star) >= 3」，卻不能寫成「HAVING star >= 3」，因為 HAVING 的功能只能對群組指定條件。

03-2 該使用 HAVING 還是 WHERE？

HAVING 可在替群組設定條件的時候使用，WHERE 則可在群組化記錄之前，對所有記錄設定條件。

- WHERE 句是對記錄設定條件

- HAVING 句是對群組設定條件

WHERE 句與 HAVING 句壓根是不同的東西，所以能在 SELECT 句一起使用。

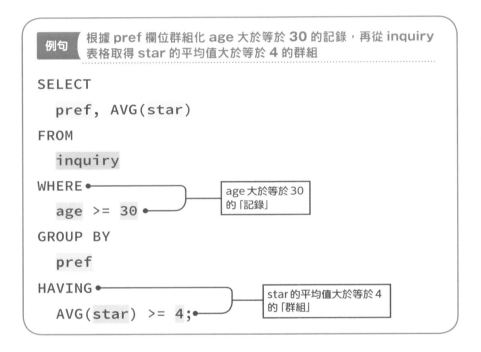

pref	AVG(star)
東京都	4.0000
神奈川縣	5.0000

接著讓我們試著思考「pref 非 '東京都'」的條件。

不管是 HAVING 句還是 WHERE 句，都可設定「pref 非 '東京都'」的條件。

例句 根據「pref 非 '東京都'」這個條件，以 pref 欄位群組化記錄，再從 inquiry 表格取得這些記錄

● 以 **WHERE** 句指定條件的情況

```
SELECT
    pref
FROM
    inquiry
WHERE
    pref != '東京都'
GROUP BY
    pref;
```

● 以 **HAVING** 句指定條件的情況

```
SELECT
    pref
FROM
    inquiry
GROUP BY
    pref
HAVING
    pref != '東京都';
```

pref
埼玉縣
神奈川縣

不管是以 WHERE 句還是 HAVING 句設定條件，結果都是一樣，那麼哪邊比較好用呢？

03-3 每句 SQL 都有執行順序

既然兩邊的結果都一樣，那麼使用 HAVING 與 WHERE 似乎沒什麼差別？不過，若記錄較多，兩者就會在處理速度出現差異。

到目前為止，我們已經學過不少在 SELECT 句使用的陳述句，但其實**SELECT 句的每行程式都有固定的執行順序**。撰寫程式的時候，我們當然會從 SELECT 句開始撰寫，但執行順序可就不一定。讓我們試著比較撰寫順序與執行順序的差異。

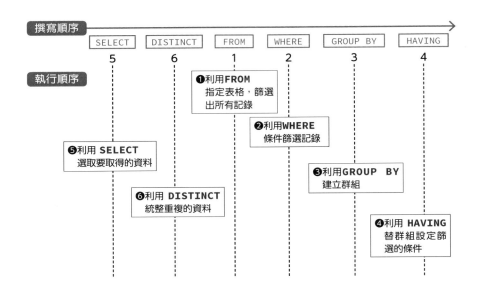

 這就是所有在 SELECT 句使用的陳述句嗎?

 其實還有,之後若遇到會說明,但請先記住這個主要的流程。

若是將流程畫成圖,就會是下圖。

從順序來看,WHERE 句會比 HAVING 句更早執行。先以 WHERE 句篩選記錄,減少以 GROUP BY 句建立群組的記錄。

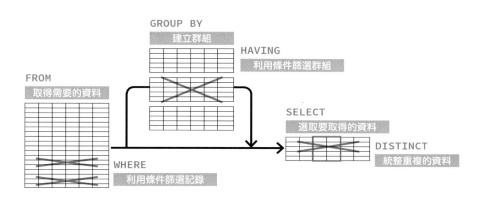

「pref != '東京都'」這種條件若寫在 HAVING 句而不是 WHERE
句，GROUP BY 句就得處理非常多的記錄。

FROM inquiry

id	pref	age	star
1	東京都	20	2
2	神奈川縣	30	5
3	埼玉縣	40	3
4	神奈川縣	20	4
5	東京都	30	4
6	東京都	20	1

WHERE pref != '東京都'

id	pref	age	star
2	神奈川縣	30	5
3	埼玉縣	40	3
4	神奈川縣	20	4

GROUP BY pref ;

3	埼玉縣	40	3
2	神奈川縣	30	5
4	神奈川縣	20	4

GROUP BY pref

3	埼玉縣	40	3
1	東京都	20	2
5	東京都	30	4
6	東京都	20	1
2	神奈川縣	30	5
4	神奈川縣	20	4

HAVING pref != '東京都';

3	埼玉縣	40	3
2	神奈川縣	30	5
4	神奈川縣	20	4

學習專用資料庫的表格都只有幾筆記錄，所以感覺不出兩者的差距，但如果記錄非常多，SELECT 句就得耗費許多時間執行，所以在撰寫 SELECT 句的時候，**最好先減少要處理的記錄筆數**。

冷知識

處理速度優先？淺顯易懂優先？

若從處理速度來看，先減少要處理的記錄當然比較重要，但這不是絕對的規則。「篩選出不是 '東京都' 的記錄再群組化」與「搜尋出不是 '東京都' 的群組」是完全不一樣的意思，所以處理效率固然重要，但得在撰寫 SELECT 句的時候，先想想到底要取得哪些資料，以及要進行哪些處理。

要顯示以 pref 群組化的值可使用 AS 替欄位另外命名。下列是範例。

例句 群組化 pref 欄位再另外命名，接著再從 inquiry 表格取得記錄（原本這個程式是無法執行的）

```
SELECT
  pref AS 都道府縣
FROM
  inquiry
GROUP BY
  都道府縣;
```

由於 GROUP BY 句會比 SELECT 句先執行，所以在 SELECT 句設定的 pref 別名 '都道府縣' 應該無法在執行 GROUP BY 句的時候被辨識。

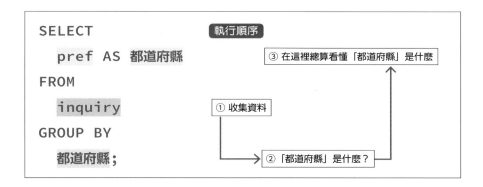

有些 DBMS 能順利執行上述程式，但其實上述的程式是錯誤的寫法。請大家務必了解 SELECT 句的執行順序，避開錯誤的寫法。

4

統整資料

問題 1

對下列的 menu 表格執行 ①、②、③ 的 SELECT 之後會得到什麼結果？請大家試著做做看。

[menu]* 第一列為資料類型

INT	VARCHAR(20)	VARCHAR(10)	INT
id	menu_name	category	price
1	義大利漁夫麵	FOOD	1200
2	青醬麵	FOOD	1100
3	咖啡	DRINK	500
4	雪酪	SWEETS	400
5	日式義大利麵	FOOD	900
6	提拉米蘇	SWEETS	500
7	培根蛋黃義大利麵	FOOD	1200
8	柳橙汁	DRINK	600
9	紅茶	DRINK	500

① SELECT
    DISTINCT category
  FROM
    menu;

② SELECT
    DISTINCT category, price
  FROM
    menu;

③ SELECT
    category

```
FROM
  menu
GROUP BY
  category;
```

問題 2

該如何從問題 1 的 menu 表篩選出 ①～⑤ 的內容？請試著撰寫正確的 SELECT 句，並在這些 SELECT 句之中使用摘要函數。

① 表格的所有列數

② 利用 category 群組化記錄，再取得 category 的**值**與每個 category 的 price **最大值**。

③ 利用 category 群組化記錄，再取得 category 的**值**與每個 category 的 price **平均值**。

④ 利用 category 群組化記錄，再取得 category 的**值**與每個 category 的 price **最大值**與最小值除以 2 的**值**。

⑤ 在不使用 AVG 函數的情況下，算出表格的 price 平均值（使用 SUM 函數與 COUNT 函數）。

問題 3

接著要對問題 1 的 menu 表格執行 SELECT 句。請選出所有能填入 ①～④ 的 SELECT 句的 ⬚ 的項目。每個 ⬚ 的部分只能填入一個項目。

〔**項目**〕`menu_name, category, price, COUNT(*),`
　　　`category = 'FOOD', COUNT(*) > 2`

① SELECT
　　menu_name
　　FROM

```
    menu
  WHERE
      ⬚ ;

② SELECT
      ⬚
  FROM
    menu
  GROUP BY
    category;

③ SELECT
      category, price
  FROM
    menu
  GROUP BY
    category, ⬚ ;

④ SELECT
      category
  FROM
    menu
  GROUP BY
    category
  HAVING
      ⬚ ;
```

問題 **1** 解答

※ 忽略記錄的順序。

①

category
FOOD
DRINK
SWEETS

②

category	price
FOOD	1200
FOOD	1100
DRINK	500
SWEETS	400
FOOD	900
SWEETS	500
DRINK	600

③

category
DRINK
FOOD
SWEETS

問題 **2** 解答

① SELECT
    COUNT(*)
  FROM
    menu;

② SELECT
    category, MAX(price)
  FROM
    menu
  GROUP BY
    category;

③ SELECT
    category, AVG(price)
  FROM
    menu
  GROUP BY
    category;

④ SELECT
    category,
    (MAX(price) + MIN(price)) / 2
  FROM
    menu
  GROUP BY
    category;

⑤ SELECT
    SUM(price) / COUNT(*)
  FROM
    menu;

※ COUNT(*) 也可改寫成 COUNT(price)

問題 3 解答

① category = 'FOOD'

② category 與 COUNT(*)

③ price

④ category = 'FOOD' 與 COUNT(*) > 2

第5章 先排序再取得記錄

01

將記錄排序

以 **SELECT** 句取得的記錄好像是依照 ID 欄位的順序或記錄新增順序排列，但其實不是這樣。接著來學習替記錄排序的方法。

01-1 將記錄排序

要將取得的記錄重新排序，只需要使用 **ORDER BY** 即可。

我們試著根據 `product_id` 的昇冪排序 `product` 表格的所有欄位。雖然不使用 ORDER　BY 句，也通常會依照 `product_id` 的順序排列，但不一定每次都會這樣，只有使用 ORDER　BY 句才能確實替資料排序。

例句　以 product_id 的昇冪順序替 product 表格的所有欄位排序

```
SELECT
  *
FROM
  product
ORDER BY
  product_id ASC;
```

product_id	product_name	stock	price
1	藥用入浴劑	100	70
2	藥用手皂	23	700
3	溫泉之鄉草津	4	120
4	溫泉之鄉湯布院	23	120
5	草莓肥皂 100%	10	150
6	100% 牛奶入浴劑	15	140

以昇冪排序

---

product_id	product_name	stock	price
1	藥用入浴劑	100	70
2	藥用手皂	23	700
3	溫泉之鄉草津	4	120
4	溫泉之鄉湯布院	23	120
5	草莓肥皂 100%	10	150
6	100% 牛奶入浴劑	15	140

這與沒有 ORDER BY 句的結果一樣耶！

所以我剛剛才說是「湊巧」啊！需要排序時，就使用 ORDER BY 句吧！

ORDER BY 句通常會寫在 SELECT 句的結尾，後面可指定欄位名稱，設定要以哪個欄位的值排序，還可以在後面指定**排列順序**。

排列順序有 ASC 與 DESC 這兩種。

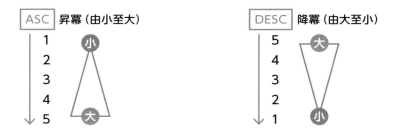

假設欄位的內容是字串，就會依照字典順序排列，若是日期，由舊至新的日期為**昇冪**，反之則是**降冪**。

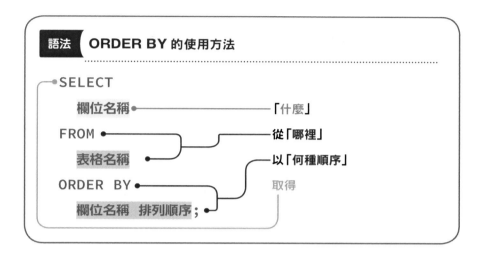

語法 **ORDER BY** 的使用方法

SELECT
　欄位名稱 ●——————————「什麼」
FROM ●
　　　　　　　　　　　從「哪裡」
　表格名稱 ●
　　　　　　　　　　　以「何種順序」
ORDER BY ●
　　　　　　　　　取得
　欄位名稱　排列順序;

排列順序可省略，省略時，預設為 ASC。

例句 以 price 替 product 表格的所有欄位重新排序再取得記錄
（排列順序は昇冪）

SELECT
　*
FROM
　product
ORDER BY
　price;

與「price ASC」的意思一樣

product_id	product_name	stock	price
1	藥用入浴劑	100	70
2	藥用手皂	23	700
3	溫泉之鄉草津	4	120
4	溫泉之鄉湯布院	23	120
5	草莓肥皂 100%	10	150
6	100% 牛奶入浴劑	15	140

排序（昇冪）

product_id	product_name	stock	price
1	藥用入浴劑	100	70
3	溫泉之鄉草津	4	120
4	溫泉之鄉湯布院	23	120
6	100% 牛奶入浴劑	15	140
5	草莓肥皂 100%	10	150
2	藥用手皂	23	700

若指定為 DESC 就會以降冪排序。

例句 以 price 的降冪順序替 product 表格的所有欄位重新排序再取得記錄

```
SELECT
    *
FROM
    product
ORDER BY
    price DESC;
```

product_id	product_name	stock	price
1	藥用入浴劑	100	70
2	藥用手皂	23	700
3	溫泉之鄉草津	4	120
4	溫泉之鄉湯布院	23	120
5	草莓肥皂 100%	10	150
6	100% 牛奶入浴劑	15	140

以降冪排序

product_id	product_name	stock	price
2	藥用手皂	23	700
5	草莓肥皂 100%	10	150
6	100% 牛奶入浴劑	15	140
3	溫泉之鄉草津	4	120
4	溫泉之鄉湯布院	23	120
1	藥用入浴劑	100	70

請確認以 ASC 排序時，記錄以昇冪重新排列，以及以 DESC 排序時，是以降冪重新排列。

01-2 如果有順位相同的記錄該怎麼辦？

假設作為排序基準的欄位有相同的內容該怎麼辦？

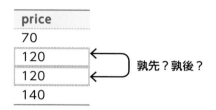

排位相同的部分無法排序，在 ORDER BY 句指定多個欄位名稱才能解決這個問題。要指定多個欄位名稱可利用逗號間隔，之後便會以這裡的欄位名稱的順序排序。

 於第 1 個排序基準相同的部分會依照第 2 個排序基準重新排序。

第一步先以 column1 的降冪排序，若有排位相同的記錄則以 column2 的昇冪重新排列這些相同的記錄，假設排位還是相同，就再以 column3 的降冪重新排序。

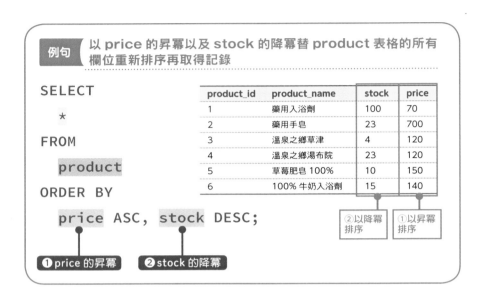

product_id	product_name	stock	price
1	藥用入浴劑	100	70
4	溫泉之鄉湯布院	23	120
3	溫泉之鄉草津	4	120
6	100% 牛奶入浴劑	15	140
5	草莓肥皂 100%	10	150
2	藥用手皂	23	700

❶昇冪

❷降冪

一開始先根據 price 排序。在以 price 的昇冪排序時，會遇到 120 有兩個這個問題，所以接著會利用 stock 的降冪替 price 相同的記錄重新排序。

01-3 可在 ORDER BY 句指定什麼？

重新排列記錄順序稱為**排序**，而接在 ORDER BY 之後的欄位名稱為排序基準，也稱為**排序鍵**。

排序鍵可指定為 SELECT 句沒有的欄位。

例句　根據 stock 的降冪順序重新排列 product 表格的 product_name 再取得記錄

```
SELECT
    product_name
FROM
    product
ORDER BY
    stock DESC;
```
排序鍵

product_id	product_name	stock	price
1	藥用入浴劑	100	70
2	藥用手皂	23	700
3	溫泉之鄉草津	4	120
4	溫泉之鄉湯布院	23	120
5	草莓肥皂 100%	10	150
6	100% 牛奶入浴劑	15	140

取得的記錄

排序鍵（以降冪排序）

product_name
藥用入浴劑
藥用手皂
溫泉之鄉湯布院
100% 牛奶入浴劑
草莓肥皂 100%
溫泉之鄉草津

SELECT 句並未指定作為排序鍵的 stock，但還是能正確排序記錄。

在 SELECT 句指定多個欄位之後，這些欄位的先後順序可指定為排序鍵，第一個欄位的順序為 1，第二個欄位的順序為 2，以此類推。

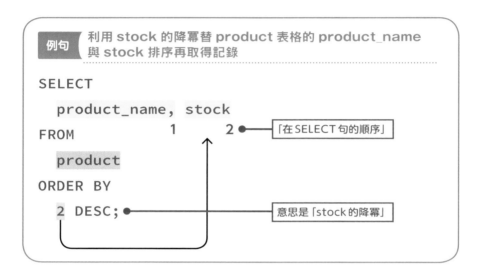

在 SELECT 句指定的第二個欄位為 stock 欄位，所以會根據 stock 的降冪排序記錄。

假設 SELECT 句為「*」，就會取得表格所有的欄位，此時若是以 stock 為排序鍵，可將程式寫成「ORDER BY 3」。

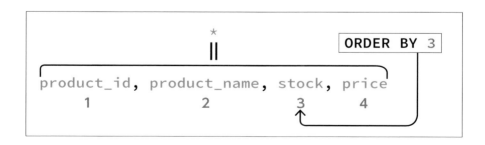

感覺用數字指定很不直覺耶！

對啊，所以不太建議這樣指定。

排序鍵也可以是運算子或函數。

請試著以 stock * price 的值排序。

```
SELECT
  product_name, stock * price
FROM
  product
ORDER BY
  stock * price;  ← stock * price 的昇冪順序
```

product_name	stock * price
溫泉之鄉草津	480
草莓肥皂 100%	1500
100% 牛奶入浴劑	2100
溫泉之鄉湯布院	2760
藥用入浴劑	7000
藥用手皂	16100

01-4 能與 WHERE 句或 GROUP BY 句一起使用嗎？

ORDER BY 句可與有 WHERE 句或 GROUP BY 句的 SELECT 句一起使用。就算有 WHERE 句或 GROUP BY 句，用於排序的 ORDER BY 句還是得寫在最後面。

例句 以 price 的昇冪排序 product 表格的 stock 大於等於 20 的記錄

```
SELECT
  *
FROM
  product
WHERE
  stock >= 20
ORDER BY
  price;
```

product_id	product_name	stock	price
1	藥用入浴劑	100	70
2	藥用手皂	23	700
3	溫泉之鄉草津	4	120
4	溫泉之鄉湯布院	23	120
5	草莓肥皂 100%	10	150
6	100% 牛奶入浴劑	15	140

大於等於 20 的記錄　排序（昇冪）

WHERE stock >= 20

product_id	product_name	stock	price
1	藥用入浴劑	100	70
2	藥用手皂	23	700
2	溫泉之鄉湯布院	23	120

ORDER BY price

product_id	product_name	stock	price
1	藥用入浴劑	100	70
4	溫泉之鄉湯布院	23	120
2	藥用手皂	23	700

與 WHERE 句的條件一致的記錄只有 3 筆，這次是對這 3 筆記錄重新排序。

接著讓我們一起使用 GROUP BY 與 ORDER BY。讓我們先以 pref 群組化第 4 章用過的 inquiry 表格，再試著以摘要函數 COUNT 排序記錄。

例句 先以 pref 群組化 inquiry 表格的記錄，再利用群組的記錄筆數排序

```
SELECT
    pref, COUNT(*)
FROM
    inquiry
GROUP BY
    pref
ORDER BY
    COUNT(*);
```

id	pref	age	star
1	東京都	20	2
2	神奈川縣	30	5
3	埼玉縣	40	3
4	神奈川縣	20	4
5	東京都	30	4
6	東京都	20	1

群組化
➡以群組化的記錄筆數排序（昇冪）

GROUP BY pref

pref	COUNT(*)
東京都	3
神奈川縣	2
埼玉縣	1

ORDER BY COUNT(*)

pref	COUNT(*)
埼玉縣	1
神奈川縣	2
東京都	3

有 ORDER BY 句的 SELECT 句能與 GROUP BY 句一起使用，也能將摘要函數指定為排序鍵。

195

02 ORDER BY 句的注意事項

排序是很方便的功能，但使用時，有些事項要注意。接著為大家介紹使用 ORDER BY 句時的注意事項，以及排序時要注意的細節。

02-1 NULL 會怎麼處理？

假設排序的欄位有 NULL，排序之後，NULL 的順序會變得如何？我們來實驗看看。

第一步，試著在 product 表格新增 price 為 NULL 的記錄。

product_id	product_name	stock	price
1	藥用入浴劑	100	70
6	100% 牛奶入浴劑	15	140
7	溫泉之鄉強羅	1	NULL

新增

例句　以 price 的昇冪順序排序 product 表格的所有欄位

```
SELECT
  *
FROM
  product
ORDER BY
  price ASC;
```

product_id	product_name	stock	price
1	藥用入浴劑	100	70
2	藥用手皂	23	700
3	溫泉之鄉草津	4	120
4	溫泉之鄉湯布院	23	120
5	草莓肥皂 100%	10	150
6	100% 牛奶入浴劑	15	140
7	溫泉之鄉強羅	1	NULL

以昇冪的順序排序

product_id	product_name	stock	price
7	溫泉之鄉強羅	1	NULL
1	藥用入浴劑	100	70
3	溫泉之鄉草津	4	120
4	溫泉之鄉湯布院	23	120
6	100% 牛奶入浴劑	15	140
5	草莓肥皂 100%	10	150
2	藥用手皂	23	700

`price` 為 NULL 的記錄排到開頭了。但有些系統會將 NULL 的記錄排至最後。

product_id	product_name	stock	price
1	藥用入浴劑	100	70
3	溫泉之鄉草津	4	120
4	溫泉之鄉湯布院	23	120
6	100% 牛奶入浴劑	15	140
5	草莓肥皂 100%	10	150
2	藥用手皂	23	700
7	溫泉之鄉強羅	1	NULL

 我覺得 NULL 排到最後比較好耶…

以昇冪排序時，NULL 很常排到開頭喲。

利用 ORDER　BY 句排序時，若希望將 NULL 排至開頭或結尾，可故意將 NULL 的值換成 0 或負數，甚至可反其道而行，換成極大的數字。這個方法會在下一章介紹。

若希望 NULL 的值排至最後，可使用下列的方法。

```
SELECT
  *
FROM
  product
ORDER BY
  price IS NULL ASC, price ASC;
```

IS NULL 是在值為 NULL 之際傳回 1 的運算子。若排序的欄位值不為 NULL，IS NULL 的結果將會是 0，否則就會是 1，所以「ORDER BY price IS NULL」會先排序 price 不為 NULL 的記錄，之後 再排序 price 值為 NULL 的記錄，也就是在第一階段的排序結束後， 再將 NULL 的欄位全部排到最後。

接著還能進一步以 price 的值排序，將 NULL 挪到最後，再以 price 的昇冪排序。

請先刪除剛剛在 product 表格新增的記錄。

02-2 嘗試有點特別的排序方式

一如 02-1 將 NULL 整理到最後的方法，在 ORDER BY 句指定條件也 能將特殊記錄移至開頭或結尾。

如果想將 price 的值剛好為 150 的記錄排至開頭，可將 ORDER BY 句的條件寫成「price = 150 DESC」。

```
SELECT
  *
FROM
  product
ORDER BY
  price = 150 DESC;
```

product_id	product_name	stock	price	price = 150
5	草莓肥皂 100%	10	150	1
1	藥用入浴劑	100	70	0
2	藥用手皂	23	700	0
3	溫泉之鄉草津	4	120	0
4	溫泉之鄉湯布院	23	120	0
6	100% 牛奶入浴劑	15	140	0

price = 150 的判斷結果請見表格。由於是以 DESC，也就是降冪排序結果，所以結果為 1 的記錄會排至開頭。

接著讓我們試著將 price 大於等於 140 的記錄排至開頭，再以 price 的昇冪順序排序。

```
SELECT
  *
FROM
  product
ORDER BY
  price >= 140 DESC, price ASC;
```

product_id	product_name	stock	price	price >= 140
6	100% 牛奶入浴劑	15	140	1
5	草莓肥皂 100%	10	150	1
2	藥用手皂	23	700	1
1	藥用入浴劑	100	70	0
3	溫泉之鄉草津	4	120	0
4	溫泉之鄉湯布院	23	120	0

接著以 price 的昇冪排序

由於先以 DESC（降冪）排序「price >= 140」的結果，所以結果為 1 的記錄會挪至開頭，接著再以 price 的排序順序在上述結果之中排名相同的記錄，就得出上述的結果。

在 ORDER BY 句指定條件可隨心所欲地控制記錄的順序。

之後介紹的函數或條件也能指定記錄的排列方式。

02-3 ORDER BY 句的執行順序是？

在之前介紹過的例句之中，ORDER BY 句都寫在最後，但就目前介紹的內容而言，ORDER BY 句的執行順序也是最後。

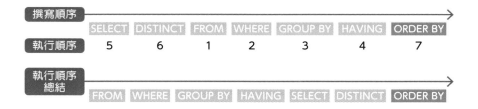

撰寫順序	SELECT	DISTINCT	FROM	WHERE	GROUP BY	HAVING	ORDER BY
執行順序	5	6	1	2	3	4	7

執行順序總結	FROM	WHERE	GROUP BY	HAVING	SELECT	DISTINCT	ORDER BY

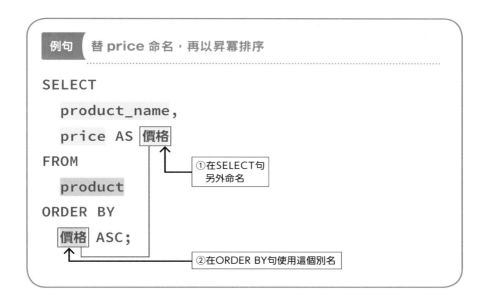

ORDER BY 句會在 SELECT 句之後執行，所以在 SELECT 句以 AS 設定的別名也能在 ODER BY 句使用。

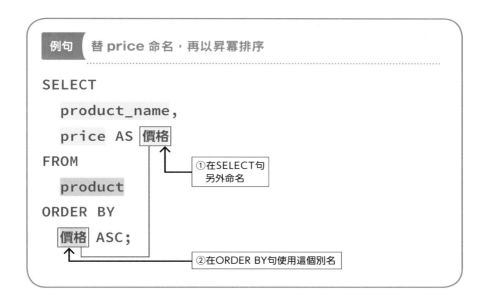

product_name	價格
藥用入浴劑	70
溫泉之鄉草津	120
溫泉之鄉湯布院	120
100% 牛奶入浴劑	140
草莓肥皂 100%	150
藥用手皂	700

由於先在 SELECT 句設定了別名，所以後面才執行的 ORDER BY 句也可使用這個別名。

但是，若是下列這種以單引號或雙引號括住別名的語法，就無法順利排序記錄。

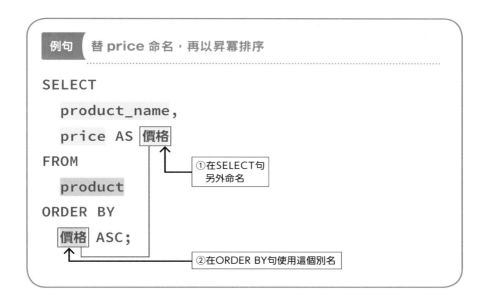
5

先排序再取得記錄

201

```
SELECT
    product_name,
    price AS '價格'
FROM
    product
ORDER BY
    '價格' ASC;
```

於 ORDER BY 句指定別名時，不需要用單引號或雙引號括起來。

SELECT 句都在做什麼？

或許有人覺得，既然 ORDER BY 句是在 SELECT 句之後執行，那就可以在 ORDER BY 句指定未於 SELECT 句指定的欄位。

SELECT 的功能只在於選擇要顯示的欄位與執行函數，並未排除未於 SELECT 句指定的欄位。

以 stock 排序

SELECT 句只決定要顯示的欄位，所以未於 SELECT 句出現的欄位可在 ORDER BY 句使用。

02-4 什麼是字典順序？

前面提過，比較字串的大小或排序字串都是根據「字典順序」，但這是非常籠統的說明。其實每張表格或欄位都設定了排序的順序，而這個順序就稱為**參照順序**。

讓我們試著建立下列這張表格，並將表格名稱命名為 search2。

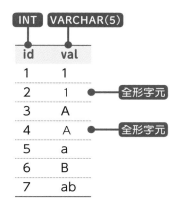

 只有「１」與「Ａ」為全形字元，換言之，只輸入了文字資料。

例句 以 val 的值排序 search2 表格的所有欄位

```
SELECT
    *
FROM
    search2
ORDER BY
    val;
```

id	val
1	1
2	1
3	A
4	A
5	a
6	B
7	ab

排序（昇冪）

若依一般的步驟建立表格，參照順序會是 utf8_general_ci。讓我們試著將參照順序換成 utf8_bin 與 utf8_unicode_chi。

參照順序 utf8_general_ci

id	val
1	1
3	A
5	a
7	ab
6	B
2	1
4	A

參照順序 utf8_bin

id	val
1	1
3	A
6	B
5	a
7	ab
2	1
4	A

參照順序 utf8_unicode_ci

id	val
1	1
2	1
3	A
4	A
5	a
7	ab
6	B

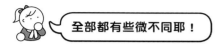

乍看之下，就是有無區分大小寫英文字母或全形、半形字元的差異。

若發現「順序與預想的不同」時，問題可能是出在參照順序的不同。

雖然執行特殊的 SQL 可調整參照順序的設定，但這不在本書説明範圍。

02-5 何謂索引值？

利用 ORDER BY 句排序記錄會造成電腦的負擔，也得花不少時間處理，所以務必在需要排序的時候才使用。話説回來，排序真的很好用，所以經常會用到。

不過，若使用**索引值**就能加速排序。索引值就像是每本書最後的「索引」一樣。

尋找「ORDER BY」

索引值很常在尋找特定記錄時使用耶！

或許大家很難想像，但就資料庫而言，索引值能加快排序處理。

使用索引值能快速找到需要的資訊。

我們可對資料庫的每個欄位建立索引值。

現在就來試著替 product 表格的 product_name 建立索引值。product_name 的索引值是依照 product_name 的值排序，所以一眼就能看出 product_id 的位置。

product_name 的索引值

product_name	product_id
100% 牛奶入浴劑	6
溫泉之鄉湯布院	4
溫泉之鄉草津	3
草莓肥皂 100%	5
藥用手皂	2
藥用入浴劑	1

搜尋「草莓肥皂 100%」的記錄

product_id	product_name	stock	price
1	藥用入浴劑	100	70
2	藥用手皂	23	700
3	溫泉之鄉草津	4	120
4	溫泉之鄉湯布院	23	120
5	草莓肥皂 100%	10	150
6	100% 牛奶入浴劑	15	140

在 WHERE 句指定「product_name='草莓肥皂 100%'」之後，就會根據 product_name 的索引值尋找 '草莓肥皂 100%' 的值。由於索引值已根據 product_name 的值排序，所以能快速找到需要的資料。

此外，利用 ORDER BY 句排序時，只要指定為排序鍵的欄位有索引值，就能根據經過排序的索引值排序，排序處理也會更快完成。

product_name 的索引值

product_name	product_id	
100% 牛奶入浴劑	6	⟶ ①
溫泉之鄉湯布院	4	⟶ ②
溫泉之鄉草津	3	⟶ ③
草莓肥皂 100%	5	⟶ ④
藥用手皂	2	⟶ ⑤
藥用入浴劑	1	⟶ ⑥

已經排序完畢

ORDER BY product_name

乍看之下，會覺得索引值非常方便，但是替所有欄位建立索引值，反而會出現不少問題。建議大家只替用於排序或搜尋的欄位建立索引值。

執行特殊的 SQL 可幫欄位建立索引值，但此不在本書說明範圍。

💡 冷知識

主鍵與索引值

大部分的表格都有作為主鍵使用的欄位，而這個欄位的值絕對不會與其他記錄的欄位相同，以 product 表格為例，主鍵就是 product_id 欄位。

product 表格的資訊

這就是主鍵 (PrimaryKey)

Column Name	Datatype	PK	NN	UQ	B
product_id	INT(10)	☑	☑	☐	☐
product_name	VARCHAR(20)	☐	☐	☐	☐
stock	INT(11)	☐	☐	☐	☐
price	DECIMAL(10,0)	☐	☐	☐	☐

一般來說，資料庫會自動替主鍵的欄位建立索引值，所以在 ORDER BY 句或 WHERE 句使用主鍵的欄位時，相關的處理通常不會變慢。

03 取得〇列的記錄

到目前為止，我們都是取得表格的所有記錄或是符合條件的所有記錄，但其實還能指定要取得多少筆記錄。

03-1 取得〇列的記錄！

如果只想從取得的所有記錄之中，篩選出開頭〇列的記錄，可使用 **LIMIT** 指定列數。

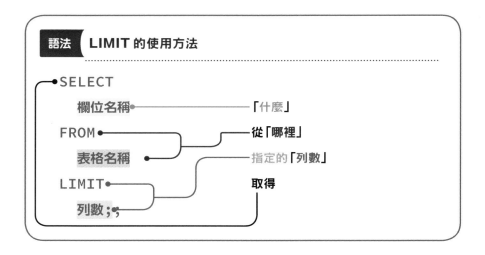

LIMIT 會寫在 SELECT 句的最後，由於通常是在執行排序的時候使用，所以讓我們試著在 ORDER BY 句加上 LIMIT。

例句　依照 price 的昇冪排序 product 表格的所有欄位，
再取得開頭 3 列的記錄

```
SELECT
    *
FROM
    product
ORDER BY
    price
LIMIT
    3;
```

product_id	product_name	stock	price
1	藥用入浴劑	100	70
2	藥用手皂	23	700
3	溫泉之鄉草津	4	120
4	溫泉之鄉湯布院	23	120
5	草莓肥皂 100%	10	150
6	100% 牛奶入浴劑	15	140

排序（昇冪）

只取得開頭 3 列

ORDER BY price

product_id	product_name	stock	price
1	藥用入浴劑	100	70
3	溫泉之鄉草津	4	120
4	溫泉之鄉湯布院	23	120
6	100% 牛奶入浴劑	15	140
5	草莓肥皂 100%	10	150
2	藥用手皂	23	700

LIMIT 3

product_id	product_name	stock	price
1	藥用入浴劑	100	70
3	溫泉之鄉草津	4	120
4	溫泉之鄉湯布院	23	120

開頭 3 列

只顯示 price 的昇冪排序結果開頭 3 列的記錄。

在 MySQL Workbench 使用 LIMIT 與結果的頁面捲動

MySQL Workbench 可從工具列表指定 LIMIT 句。

若想設定「`Limit to 10 rows`」,可指定為「`LIMIT 10`」。不過,若在 SELECT 句指定了「`LIMIT 20`」,將會先執行這個部分。

「Don't Limit」則是沒有指定 LIMIT 的狀態。

有時結果畫面的右側不會顯示捲動列,此時若是列數太多,就看不到下面的資料。

這時候可先選取最下面的列的欄位,再按下 ⬇ 鍵,就能看到下面的資料,也可按下 ⬆ 鍵恢復原本的狀態。

03-2 取得△列到○列的記錄!

利用 LIMIT 句指定取得的記錄筆數後,會從開頭的記錄開始取得,但如果想從途中的記錄開始取得,可在 LIMIT 句的後面加上 OFFSET。接在 OFFSET 後面的是起點,若想從開頭取得可指定為 0。

product_id	product_name	stock	price	OFFSET
1	藥用入浴劑	100	70	← 0
3	溫泉之鄉草津	4	120	← 1
4	溫泉之鄉湯布院	23	120	← 2
6	100% 牛奶入浴劑	15	140	← 3
5	草莓肥皂 100%	10	150	← 4
2	藥用手皂	23	700	← 5

> **OFFSET 是從 0 數起嗎？**

> **對啊，可想像成「箱內底部稍微墊高」。**

若想從第 1 列開始取得，可設定為「OFFSET 0」。要注意的是，如果直接指定為「OFFSET 1」，不會真的從第 1 列取得。請記住於 OFFSET 後面指定的位置為「想取得的列數 −1」這個規則。

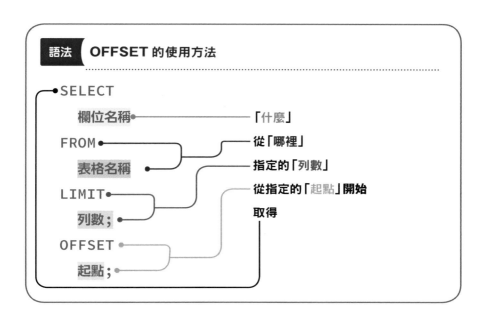

語法 **OFFSET 的使用方法**

SELECT
　　欄位名稱————————「什麼」
　FROM————————————從「哪裡」
　　表格名稱————————指定的「列數」
　LIMIT————————————從指定的「起點」開始
　　列數；————————————取得
　OFFSET
　　起點；

我們就來試著指定開始位置，再取得記錄。

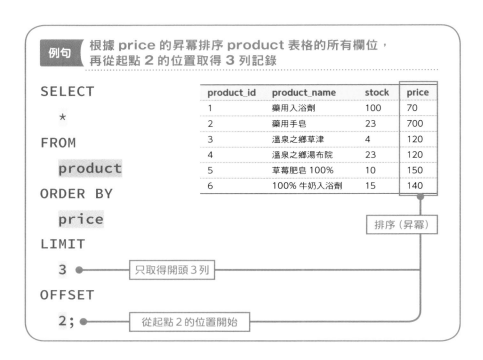

ORDER BY price

product_id	product_name	stock	price
1	藥用入浴劑	100	70
3	溫泉之鄉草津	4	120
4	溫泉之鄉湯布院	23	120
6	100% 牛奶入浴劑	15	140
5	草莓肥皂 100%	10	150
2	藥用手皂	23	700

OFFSET 2

LIMIT 3

product_id	product_name	stock	price
4	溫泉之鄉湯布院	23	120
6	100% 牛奶入浴劑	15	140
5	草莓肥皂 100%	10	150

由於設定是「OFFSET 2」，所以在以 price 的昇冪排序結果之後，會從這個結果的第 3 列開始取得 3 筆記錄。

也可以不使用 OFFSET 句，直接在 LIMIT 句指定起點。要在 LIMIT 句指定起點可在 LIMIT 句的開頭插入起點，接著插入逗號，再指定要取得的列數。要注意的是，若使用 OFFSET 句，取得的列數與起點的位置是相反。

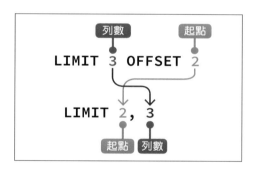

 插入順序是相反的啊，感覺好麻煩…

是啊，使用 OFFSET 句比較簡單易懂。

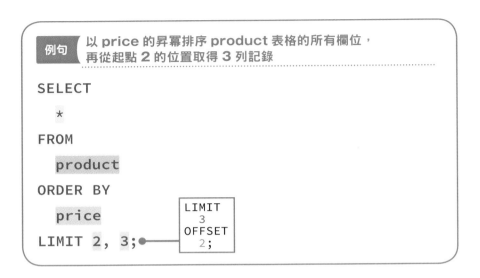

```
SELECT
    *
FROM
    product
ORDER BY
    price
LIMIT 2, 3;
```

> LIMIT
>   3
> OFFSET
>   2;

上述的程式與使用 OFFSET 句的結果相同。

換言之,起點為 0 的指定方法有三種。

例句 以 price 的昇冪排序 product 表格的所有欄位,
再從起點 2 的位置取得 3 列記錄的三種寫法

```
SELECT
    *
FROM
    product
ORDER BY
    price
LIMIT
    3;
```

```
SELECT
    *
FROM
    product
ORDER BY
    price
LIMIT
    3
OFFSET
    0;
```

```
SELECT
    *
FROM
    product
ORDER BY
    price
LIMIT 0, 3;
```

要使用哪一種當然是任君選擇囉！

> **⚠ 注意**
>
> **LIMIT 句與 OFFSET 句無法在其他的資料庫使用**
>
> LIMIT 句與 OFFSET 句未被納入標準 SQL，所以目前只有 MySQL 與 PostgreSQL 這兩種資料庫可以使用，若要在其他的資料庫使用，建議大家使用類似的語法。

03-3 LIMIT 句與 OFFSET 句的執行順序？

LIMIT 句與 OFFSET 句會寫在 SELECT 句的最後，沒有任何句子的順序比 OFFSET 句還後面，而執行時，先執行最後的 OFFSET 句再執行 LIMIT 句。

`撰寫順序`
SELECT DISTINCT FROM WHERE GROUP BY HAVING ORDER BY LIMIT OFFSET
`執行順序`
FROM WHERE GROUP BY HAVING SELECT DISTINCT ORDER BY OFFSET LIMIT

在 SELECT 句與 DISTINCT 句之前的部分先決定要顯示的欄位，接著以 ORDER　BY 句排序，然後以 LIMIT 句與 OFFSET 句設定取得的記錄筆數。

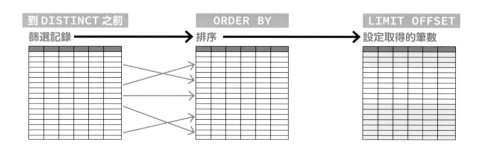

到 DISTINCT 之前　　　　ORDER BY　　　　LIMIT OFFSET
篩選記錄　　　　　　　　排序　　　　　　設定取得的筆數

「執行順序」的說明出現好幾次了耶!

因為了解執行順序,就能寫出正確的 SELECT 句,
還能讓執行的速度變快,有一箭雙鵰的效果喲!

問題 1

回答對下列的 BOOK 表格執行 ① 與 ② 的 SQL 之後，會得到什麼結果，第一筆記錄的 **id** 又是什麼。

此外，若執行 ③ 的 SQL 會得到什麼結果？請試著寫下來。

[book] ※ 第 1 列為資料類型

INT	VARCHAR(45)	VARCHAR(45)	INT	DATE
id	book_name	publisher	price	release_date
1	義大利語入門	世界社	1200	2019-11-12
2	法語入門	世界社	1200	2019-11-14
3	歡迎光臨！法語	言葉社	980	2019-11-15
4	德語單字集	言葉社	800	2019-11-15
5	Chao! 義大利語	世界社	2300	2019-12-01
6	有趣的義大利語	全球社	1500	2019-12-23

① SELECT
    *
  FROM
    book
  ORDER BY
    price DESC;

② SELECT
    *
  FROM
    book
  ORDER BY
    release_date;

```
③ SELECT
    *
FROM
    book
ORDER BY
    price ASC, release_date DESC;
```

問題 2

現在有一張成績表格，每筆記錄都包含學號、國語、數學、英語成績，而學號的資料類型為 VARCHAR 類型，成績都是 INT 類型。請試著寫出取得 ① ～ ③ 資料的 SELECT 句。

① 取得學號、成績（國語、數學、英語）的總分，再依總分較高的順序排列記錄。成績總分的別名為「總分」。

② 取得學號與英語、數學的成績，接著依照數學成績較低的順序，顯示英語成績大於等於 80 分的記錄。

③ 取得學號與國語的成績，再顯示國語成績前三名的記錄。

問題 3

當搜尋結果過多時，請在從表格取得記錄時，將記錄分成每頁 10 筆的格式。

　　第 1 頁→從第 1 筆至第 10 筆

　　第 2 頁→從第 11 筆至第 20 筆

若只想取得第 4 頁的記錄，必須在 ① ～ ④ 的 LIMIT 句之中填入什麼答案呢？

【只有 LIMIT 句的寫法】

　　LIMIT ⎣　①　⎦ , ⎣　②　⎦

【同時使用 OFFSET 句的寫法】

LIMIT ③ OFFSET ④

解 答

問題 **1** 解答

① 5

② 1

③

id	book_name	publisher	price	release_date
4	德語單字集	言葉社	800	2019-11-15
3	歡迎光臨！法語	言葉社	980	2019-11-15
2	法語入門	世界社	1200	2019-11-14
1	義大利語入門	世界社	1200	2019-11-12
6	有趣的義大利語	全球社	1500	2019-12-23
5	Chao! 義大利語	世界社	2300	2019-12-01

問題 **2** 解答

※ 每句 SELECT 的順序不同

① SELECT
　　學號，
　　國語 + 數學 + 英語 as 總分
　FROM
　　成績
　ORDER BY
　　合計點 DESC;

② SELECT
　　學號， 數學， 英語
　FROM
　　成績
　WHERE
　　英語 >= 80
　ORDER BY
　　數學 ASC;

※ 可從下列三種寫法挑選一種

③
SELECT
　學號， 國語
FROM
　成績
ORDER BY
　國語 DESC
LIMIT
　3;

SELECT
　學號， 國語
FROM
　成績
ORDER BY
　國語 DESC
LIMIT
　3
OFFSET
　0;

SELECT
　學號， 國語
FROM
　成績
ORDER BY
　國語 DESC
LIMIT 0, 3;

問題 **3** 解答

① 30　　② 10　　③ 10　　④ 30

第 **6** 章　編輯資料

01 利用 CASE 建立條件

到目前為止，以 SELECT 句顯示的都是資料庫的資料或是以運算子、摘要函數處理資料之後的值。也可以根據記錄執行不同的處理，顯示完全不同的值。

01-1 利用 CASE 建立條件

可在 SELECT 句建立「在特定時候執行○○，否則執行△△」的條件。

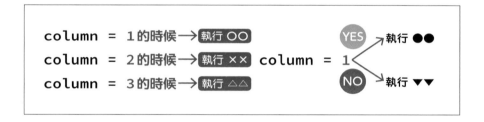

想要如下在不同的情況執行不同的處理，可使用 CASE。

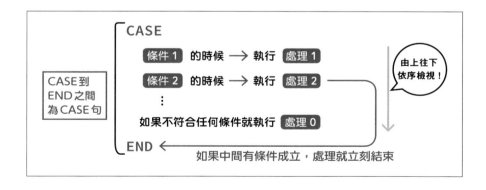

使用 CASE 句建立條件時，會由上往下檢視條件，執行符合條件的處理。CASE 句的特徵在於可撰寫多組「在○○的情況下執行～～」的條件與處理。

CASE 的寫法如下。

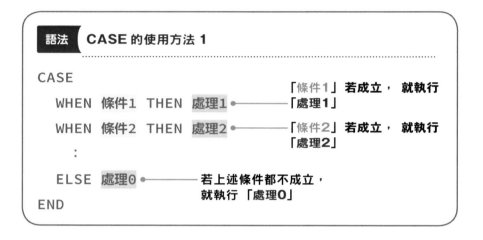

從 CASE 到 END 算是一個 CASE 句。

假設第一個條件成立，就執行後面的 **THEN** 的處理。如果條件不成立，就繼續判斷下一個 WHEN 的條件。**WHEN** 可以重複出現。最後的 **ELSE** 則是所有條件都不成立時的處理，沒寫 ELSE 也沒關係。

01-2 試著使用 CASE

如果大家覺得 CASE 有點難懂的話,我們實際操作看看。

假設我們手邊有一張 delivery 表格,裡面記載了某項商品的配送資訊。配送資訊包含顧客姓名 customer 與訂購個數 quantity 以及希望的配送時段 delivery_time。配送時段會以代碼標記,後面也會進一步說明代碼。

delivery 表格

delivery_id	customer	quantity	delivery_time
1	A 社	5	1
2	B 社	3	3
3	C 社	2	2
4	D 社	8	NULL
5	E 社	12	1

（INT 類型 / VARCHAR(20) 類型 / INT 類型 / INT 類型）

運費以訂購個數計算。

運費表

個數	運費
3 個以內	1000
4 ～ 7 個	1200
8 ～ 10 個	1500
11 個以上	2000

接著讓我們計算每筆記錄的運費。

要撰寫的 CASE 句就是當 quantity 小於等於 3 時,運費為 1000,quantity 小於等於 7 時,運費為 1200,quantity 小於等於 10 的時候,運費為 1500,除此之外傳回 2000。

由於 CASE 句很長，所以為了顯示結果，讓我們另外替結果命名。在 CASE 結尾的 END 後面以「CASE ～ END AS delivery_fee」這個 AS 句另外命名。

```
SELECT
  customer, quantity,
  CASE
    WHEN quantity <= 3 THEN 1000
    WHEN quantity <= 7 THEN 1200
    WHEN quantity <= 10 THEN 1500
    ELSE 2000
  END AS delivery_fee
FROM
  delivery;
```

customer	quantity	delivery_fee
A 社	5	1200
B 社	3	1000
C 社	2	1000
D 社	8	1500
E 社	12	2000

由於 A 社的 quantity 是 5，所以第一個條件的「WHEN quantity <= 3」不成立，但下一個條件的「WHEN quantity <= 7」就成立，所以傳回 1200，CASE 句也在此時結束處理。

撰寫條件時,要注意撰寫順序!

剛剛的 SQL 句寫了三組條件與處理。

```
WHEN quantity <= 3 THEN 1000
WHEN quantity <= 7 THEN 1200
WHEN quantity <= 10 THEN 1500
```

這個順序非常重要,若不小心寫成

```
WHEN quantity <= 10 THEN 1500 ←  只要大於小於 10 個,
                                  就會執行這部分的程式
WHEN quantity <= 7 THEN 1200
WHEN quantity <= 3 THEN 1000 ↓   其他的條件就不進行判斷
```

只要 quantity 小於等於 10,都會傳回 1500,所以不管 quantity 是 5 還是 3,都只會執行與第一個 WHEN 句對應的 THEN,其他的條件便不予以判斷。

所以請大家務必注意撰寫的順序。

CASE 到 ELSE 的部分很長,所以讓我們先用括號括起來,比較容易閱讀。

```
SELECT
    customer, quantity,
    (CASE ~ END) AS delivery_fee
FROM
    delivery;
```

上述程式雖然為了方便閱讀而換行,但其實把內容寫在「CASE WHEN ~」後面也沒問題。組成 CASE 句的元素只要以一個以上的空白字元或換行字元間隔即可。

01-3 什麼是另一個 CASE 句？

CASE 句還有另一種寫法，就是在 CASE 後面撰寫用來評估條件的欄位，並在 WHEN 後面撰寫值，藉此取代條件。只要欄位與值一致，就會執行對應的處理。

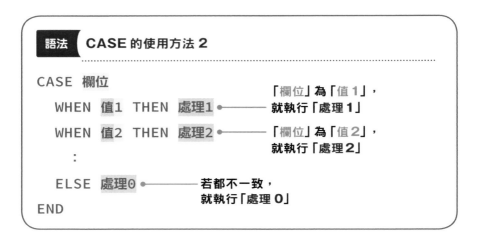

語法 CASE 的使用方法 2

```
CASE 欄位
    WHEN 值1 THEN 處理1 ●────  「欄位」為「值1」，
                              就執行「處理 1」
    WHEN 值2 THEN 處理2 ●────  「欄位」為「值2」，
                              就執行「處理 2」
        ：
    ELSE 處理0 ●────  若都不一致，
                      就執行「處理 0」
END
```

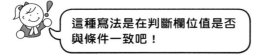

這種寫法是在判斷欄位值是否與條件一致吧！

這邊的值可以是字串或日期。

delivery_time 欄位代表配送時段，而欄位值則是代碼，與代碼對應的內容如下。

delivery_time：配送時段對應表

配送時段代碼	內容
1	上午
2	下午
3	夜間

讓我們試著根據對應表的內容顯示對應的配送時段。

```
SELECT
  customer,
  CASE delivery_time
    WHEN 1 THEN '上午'
    WHEN 2 THEN '下午'
    WHEN 3 THEN '夜間'
    ELSE '無特別指定'
  END AS delivery_time2
FROM
  delivery;
```

customer	delivery_time2
A 社	上午
B 社	夜間
C 社	下午
D 社	無特別指定
E 社	上午

WHEN 後面的值若是字串與日期，必須以單引號或雙引號括住。

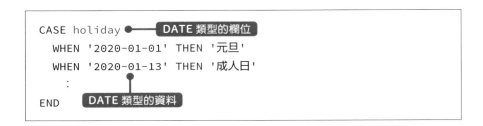

```
CASE holiday ●———[ DATE 類型的欄位 ]
   WHEN '2020-01-01' THEN '元旦'
   WHEN '2020-01-13' THEN '成人日'
      :
END   [ DATE 類型的資料 ]
```

02 利用 IF 建立條件

我們已經學會以 CASE 撰寫條件了，但其實還能利用 IF 撰寫。或許有人覺得 IF 比較熟悉，而要使用哪一種則是任君選擇。

02-1 利用 IF 撰寫條件

要建立條件也可以使用 IF 函數。

IF 函數有三個參數，第一個參數是條件，接著以逗號間隔，再撰寫條件為 TRUE 時的傳回值，最後再插入逗號，撰寫 FALSE 之際的傳回值。

語法　IF 函數的使用方法

IF(條件，────────── 條件為 TRUE 的時候，傳回條件的

條件為TRUE的傳回值，───── 下一個值，若是為 FALSE

條件為FALSE的傳回值)───── 傳回再下一個值

啊！Excel 也有這個，使用方法也一樣。

只要是功能相同的函數，不管在什麼環境下，寫法大概都一樣。

之前介紹過的函數都只有一個參數，但其實有些函數可能沒有參數或是有很多個參數。

函數名稱 ()

函數名稱 (第 1 參數 , 第 2 參數 , 第 3 參數)

參數若有很多個，依序稱為第 1 參數、第 2 參數，IF 函數則是可指定到第 3 參數的函數。

02-2 試著使用 IF 函數

接著讓我們試著使用 IF 函數。

假設 delivery 表格的 quantity（訂購個數）超過 5 個，就附贈禮物。若有附贈禮物就標註 '贈禮'，否則就標註 '未贈禮'。

例句 **IF 只有一個的情況：若「quantity 欄位大於 5」就標註「贈禮」，否則就標註「未贈禮」**

```
SELECT
    customer, quantity,                「quantity大於5」成立
    IF(                                就標註'贈禮'
        quantity > 5, '贈禮', '未贈禮'
    ) AS novelty
                                       否則就標註'未贈禮'
FROM
    delivery;
```

IF 語法很長，所以利用 AS 另外命名。

customer	quantity	novelty
A 社	5	未贈禮
B 社	3	未贈禮
C 社	2	未贈禮
D 社	8	贈禮
E 社	12	贈禮

02-3 在 IF 裡面寫 IF ？

若在 IF 函數裡面撰寫 IF，就能建立更細膩的條件。

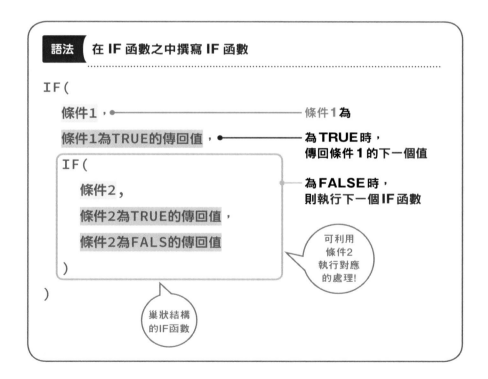

像這樣在函數或語法之中插入相同或不同的函數與語法，就稱為**巢狀結構**。

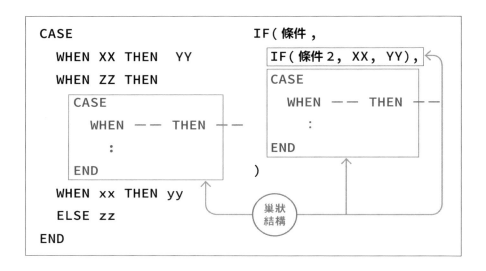

現在，來試著使用巢狀結構的 IF 函數。

這次要設定的條件是當 quantity（訂購個數）大於 5，就標註 '贈禮'，即使未贈禮，當 quantity（訂購個數）大於 3 就標註 '下次優惠'，否則就標註 '未贈禮'。

例句 IF 有很多個的情況：當「quantity 的值大於 5」就標註「贈禮」，若是「大於 3」則標註「下回優惠」，否則就標註「未贈禮」

```
SELECT
    customer, quantity,
    IF(
        quantity > 5, '贈禮',          ← 若「quantity大於5」成立，
                                          標註'贈禮'
        IF(
            quantity > 3, '下次優惠',
            '未贈禮'
                                       若「quantity大於5」不成立，
        )                              「quantity大於3」成立，
    ) AS novelty                       標註'下次優惠'
FROM
    delivery;                          若都不成立，
                                       標註'未贈禮'
```

customer	quantity	novelty
A 社	5	下次優惠
B 社	3	未贈禮
C 社	2	未贈禮
D 社	8	贈禮
E 社	12	贈禮

💡 冷知識

IF 函數是 MySQL 自創的函數。從這章開始會介紹不少函數，但不一定所有函數都能在各種資料庫使用。

本書是以利用 MySQL 學習為前提，所以不會特別提及能否在其他資料庫使用這點，大家在使用之前，務必先行確認。

02-4 該在哪裡撰寫條件？

CASE 句或 IF 函數可在 WHERE 句或 ORDER　BY 句使用。讓我們試做看看。

請依照 delivery_time 的「2」、「3」、「1」、「其他（NULL）」（「下午」、「夜間」、「上午」、「無特別指定」）的順序排序 delivery 表格的內容。

```
SELECT
  *
FROM
  delivery
ORDER BY
  CASE delivery_time
    WHEN 1 then 3
    WHEN 2 then 1
    WHEN 3 then 2
    ELSE 4
  END;
```

delivery_id	customer	quantity	delivery_time
3	C 社	2	2
2	B 社	3	3
1	A 社	5	1
5	E 社	12	1
4	D 社	8	NULL

 也能這樣使用啊！

也可以把 CASE 寫在 SELECT 句，再以該值作為排序的對象。

delivery_time 依照 2、3、1、NULL 的順序重新排序了，因為
delivery_time 的值（2、3、1、NULL）分別轉換成 CASE 對應
的 1、2、3、4。

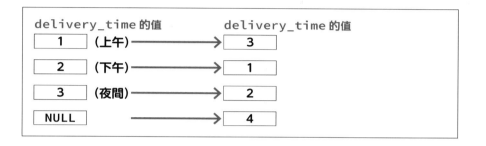

排序時，使用的不是 delivery_time 的值，而是在 CASE 轉換之後
的值。像這樣於 ORDER BY 句建立條件時，就能隨意設定排列順序。

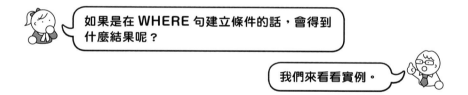

也可以在 WHERE 句建立執行不同處理的條件。

也可以利用 CASE 建立條件或變更要比較的欄位。

目前有 newinfo 這個 id 為 INT 資料類型，release_date 與
regist_date 為 DATE 資料類型的表格，我們就根據 id 的值改變與
日期比較的欄位吧！

```
SELECT
  *
FROM
  newinfo
WHERE
  (CASE
    WHEN id < 3 THEN release_date
    WHEN id < 5 THEN regist_date
    ELSE release_date
  END) > '2020-02-03';
```

根據條件改
變用於比較
的欄位

CASE 的傳回值除了數值與字串，還能指定為欄位名稱，請大家務必記住這點喲。

03 該如何處理 NULL ？

到目前為止，最讓我們困擾的應該是 NULL，但只要能正確處理 NULL，還能讓它變成有用的工具。我們一起來學習面對 NULL 的方法吧！

03-1 該拿 NULL 如何是好！

NULL 是個有點棘手的值，因為經過運算之後，只會得到 NULL 這個結果，排序時，也只會排到最前面或最後面。

如果能將 NULL 自動轉換成 0 或其他值，就能解決上述的問題。

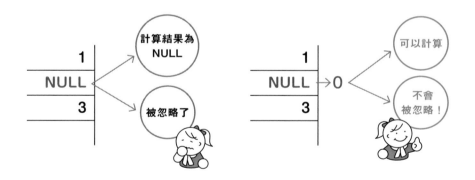

要將 NULL 轉換成其他值，只需要使用 CASE 句或 IF 函數，如果使用其他函數，則可把程式寫得更簡單一點。

首先為大家介紹 COALESCE 函數。

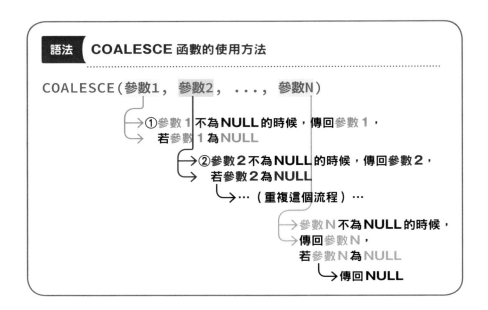

COALESCE 函數可以有很多個參數，並且會從左側的參數依序檢視，若參數不為 NULL，就會傳回參數值，假設所有參數都為 NULL 就傳回 NULL。置換的值可以是數值或字串。

若要將各欄位的 NULL 置換成 0，可將欄位名稱指定給 COALESCE 函數的第 1 個參數，再將 0 指定給第 2 個參數。假設欄位值為 NULL，就會得到 COALESCE（NULL,0）這個結果。COALESCE 函數會傳回最左側不是 NULL 的值，所以當欄位值為 NULL，就會傳回 0。欄位值若不是 NULL 就傳回欄位值。

例句 將 NULL 置換成 0

COALESCE(欄位名稱, 0)

欄位值**為NULL**時，傳回0

欄位值**不為NULL**時，傳回欄位值

原來如此！這麼一來 NULL 就會置換成 0 了！

其實還有很多處理 NULL 的方法，但很多人都會選擇 COALESCE 函數。

💡 冷知識

話說回來，NULL 真的必要嗎？
NULL 是「沒有任何值」的狀態。在建立表格時，可設定「是否允許 NULL 出現」，若不允許 NULL 出現，該欄位的值就不能是 NULL，這也代表一定要在欄位輸入資料，所以要另外撰寫強制輸入資料處理。如果允許 NULL 出現，代表不一定要輸入資料，所以就不需要另外撰寫強制輸入資料的處理。在使用 SELECT 句的時候，NULL 的確是個問題，但對輸入資料的人來說，卻能省掉輸入資料的麻煩。

03-2 使用 COALESCE 函數

讓我們來解決之前 NULL 造成的麻煩。

計算平均值的函數為 AVG 函數，試著以 COALESCE 函數將 NULL 置換成 0。

為了方便確認，我們在 inquiry 表格的 pref、age、star 新增
NULL 的記錄。

id	pref	age	star
1	東京都	20	2
2	神奈川縣	30	5
6	東京都	20	1
7	NULL	NULL	NULL	← 新增

例句 從 inquiry 表格取得 star 欄位的平均值

```
SELECT
  AVG(COALESCE(star, 0))
FROM
  inquiry;
```

若忽略 NULL，直接以 AVG（star）計算平均值，會得到 3.1667 這
個結果，但如果將 NULL 當成 0，就會得到 2.7143 這個結果。若不想
忽略 NULL 的記錄，就將 NULL 換成 0。

03-3 也可以使用 IFNULL 函數！

接著讓我們試著使用 IFNULL 函數。IFNULL 函數與只有兩個的
COALESCE 函數一樣。

語法　**IFNULL 函數的使用方法**

IFNULL(參數1, 參數2)

→①參數 1 **不為 NULL 的時候**，傳回參數 1
→　若參數 1 **為** NULL
　　　→②參數 2 **不為 NULL 的時候**，傳回參數 2
　　　→　若參數 2 **為** NULL
　　　　　↳傳回 NULL

IFNULL…「如果是 NULL 的話」，這種
語法讓我覺得怪怪的…

想成「如果參數 1 是 NULL，就置換成
參數 2」就可以囉

假設希望將特定欄位的 NULL 置換成 0，可寫成

IFNULL（**欄位名稱** , 0）

當然也可以置換成其他內容。如果想在排序之後，讓 NULL 排到最後
面，可將 NULL 換成極大的值。

```
SELECT
  *
FROM
  product
ORDER BY
  IFNULL(price, 999999) ASC;
```

在 price 為 NULL 的時候置換成 999999，就能讓該筆 NULL 的記錄排至最後。

💡 冷知識

數值的最大值

若想將 NULL 置換成極大值，可置換成該欄位的任何值都無法超越的極大值。如果不放心，可指定為該資料類型的最大值，例如 INT 資料類型的最大值就是 2147483647。

03-4 也有傳回 NULL 的函數喲！

如果想反其道而行，將某個值轉換成 NULL，可使用 **NULLIF** 函數。這個函數有兩備參數，若參數相等就傳回 NULL，若參數不相等就傳回第一個參數。

語法　**NULLIF 函數的使用方法**

```
NULLIF(參數1, 參數2)
```

參數1　＝　參數2　⟶　傳回 NULL

參數1　≠　參數2　⟶　參數傳回 1

若問這個函數什麼時候可以用的話，通常會在希望除數不為 0 的時候使用。

假設將除數指定為 0，將公式寫成「1/0」的話，MySQL 會自動將結果指定為 NULL，其他的 DBMS 則有可能直接判斷為錯誤，而且就算不判斷為錯誤，除數為 0 還是很奇怪，所以，我們利用 NULLIF 函數處理這個問題。

舉例來説，若想算出某個欄位值的倒數，可將程式寫成下列的內容。

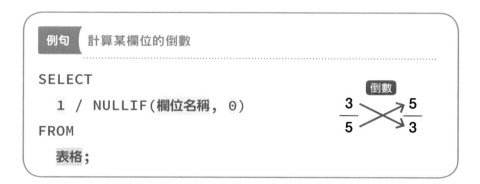

例句　**計算某欄位的倒數**

```
SELECT
    1 / NULLIF(欄位名稱, 0)
FROM
    表格;
```

由於欄位值為 0 就會傳回 NULL，所以會以 1 ／ NULL 進行計算。雖然結果會是 NULL，但至少能避免以「1 ／ 0」進行計算。

這個函數除了在上述的情況使用，還能在希望 0 不要出現在平均值的計算時使用。

讓我們試著在 inquiry 表格的 star 欄位新增 0 的記錄，再試著執行下列的例句。

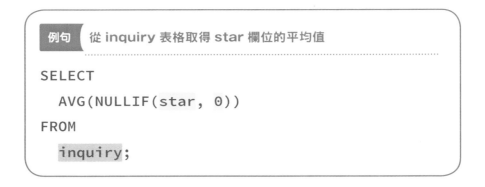

例句 從 inquiry 表格取得 star 欄位的平均值

```
SELECT
  AVG(NULLIF(star, 0))
FROM
  inquiry;
```

當 star 的值為 0，就會傳回 NULL，所以該記錄就不會被納入計算。

利用條件與函數可讓資料以完全不同的形式顯示，但這次讓我們試著轉換資料類型，讓原始資料保持不變，只轉換資料的性質。

04-1 變成另一種資料類型！

資料庫的資料都是以規定的資料類型儲存。

比方說，「123」這種數值的資料類型就會被當成數值操作，字串 '123' 看起來是數字的「123」但其實是被當成字串。

不過，無法計算的字串或數值有時是可以計算的。

```
SELECT
    123 + 1,
    '123' + 1,
    '123' + '1';
```

上述程式的計算結果都是數值「124」。＋運算子會自動將可轉換的資料轉換成可運算的資料類型。

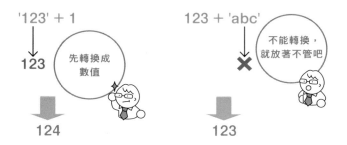

轉換資料類型的英文為 cast。

04-2 利用 cast 變身！

雖然有時候 + 運算子會自動幫我們轉換資料的資料類型，但其實這不是正常的操作，所以真的想轉換資料類型時，可以使用函數。要轉換資料類型時，可使用 CAST 函數。

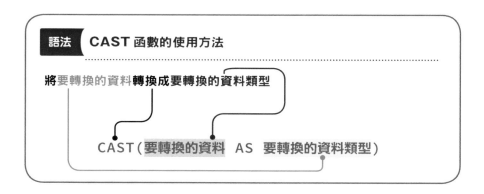

CAST 函數的第一個參數可指定為要轉換的資料，接著插入 AS，再指定要轉換的資料類型。

讓我們實際動手試試看。這次要轉換成整數類型，所以指定為轉換 SIGNED 的資料類型。

> **例句** 將字串 '123' 轉換成數值再加 1
>
> ```
> SELECT
>   CAST('123' AS SIGNED) + 1;
> ```

 SIGNED？不是應該指定為 INT 資料類型嗎？

基本上跟指定資料類型是一樣的，但有些部分不太一樣。

04-3 可以轉換成什麼資料類型呢？

可轉換的資料類型與欄位的資料類型幾乎相同。

可轉換的資料類型列表

類型	使用方法	意義
BINARY	BINARY, BINARY(a)	二進位值、a 字元的二進位值
CHAR	CHAR, CHAR(a)	文字、a 文字
DATE	DATE	日期
DATETIME	DATETIME	日期與小時
TIME	TIME	時間
DECIMAL	DECIMAL, DECIMAL(a), DECIMAL(a, b)	小數點 整體為 a 位數的小數 整體為 a 位數，小數點為 b 位數的小數
SIGNED	SIGNED, SIGNED INTEGER	有符號的整數
UNSIGNED	UNSIGNED, UNSIGNED INTEGER	無符號的整數

根據要轉換的值指定資料類型。若是小數，也可指定小數點的位數。

例句　將字串 '123.45' 轉換成數值

```
SELECT
  CAST('123.45' AS SIGNED),
  CAST('123.45' AS DECIMAL(5, 2));
```

若轉換成 SIGNED，小數點的部分就會不見，會得到 123 這個結果。

若以 DECIMAL(5,2) 轉換，就能得到 123.45 這個結果。

冷知識

命令名稱

數值分成「有符號」與「無符號」兩種，所謂的「有符號」就是指負數，比方說，要將字串 '-1' 轉換成有符號的整數，可執行

```
CAST('－1' AS SIGNED)
```

就能得到 -1 這個結果。

若要將字串 '-1' 轉換成無符號的整數，可執行

```
CAST('－1' AS UNSIGNED)
```

但結果不會是 -1，而是未知的數。

CAST 函數最常用來將字串轉換成數值，比方說，試著建立一張存有項目與排行的 ranking 表格。

ranking 表格

VARCHAR（1）資料類型

id	rank_value
A	4
B	2
C	1
D	3
E	5

rank_value 欄位 ← VARCHAR（2）資料類型

rank_value 欄位雖然被當成資料顯示順序的項目使用，但欄位值不
是數值，而是字串。如果這個值只有一位數，可直接轉型為數值。

例句　根據 rank_value 欄位排序（昇冪）ranking 表格

```
SELECT
    *
FROM
    ranking
ORDER BY
    rank_value;
```

id	rank_value
A	4
B	2
C	1
D	3
E	5

排序（昇冪）

id	rank_value
C	1
B	2
D	3
A	4
E	5

就算將 id 為 'B' 的 rank_value 從 '2' 改成 '20'，排序的結果也是
一樣。

id	rank_value
C	1
B	20
D	3
A	4
E	5

以字串的順序而言，'20' 比 '3' 或 '4' 的順序還前面是正常的，但就數值
的順序來看，這就很奇怪，所以讓我們將 rank_value 欄位轉型為數
值類型。

例句 將 rank_value 欄位轉型為數值再排序 ranking 表格的資料

```sql
SELECT
    *
FROM
    ranking
ORDER BY
    CAST(rank_value AS SIGNED);
```

---

id	rank_value
C	1
D	3
A	4
E	5
B	20

成功以數值排序了。

假設資料庫的資料不符合需要的資料類型，可先替資料轉型再使用。

如何將保留字設定為欄位名稱？

在 MySQL Workbench 的環境下，將「value」指定為欄位名稱，就會以保留字的水藍色標記。其實 VALUE 是保留字，所以 value 是不能指定為欄位名稱的。若將 value 欄位更名為 rank，再執行上述的 SELECT 句，只會得到錯誤的結果。因為 RANK 也是內建的函數，不該指定為欄位名稱。

如果很想將保留字或函數指定為欄位名稱，可如下以反引號括住欄位名稱，就不會有問題。

```
ORDER BY `value`
```

問題 1

試著寫出對抽獎資料 apply 表格執行 ①、② 的 SQL 會得到什麼結果？

[apply]*1 第 1 列為資料類型

INT	VARCHAR(1)	VARCHAR(20)	INT	DATE
apply_id	product	name	age	apply_date
1	A	落合惠理子	25	2019-12-10
2	A	栗本正文	42	2019-12-24
3	C	西松史子	31	2019-12-28
4	B	臼井淳	30	2020-01-01
5	C	小野寺初	26	2020-01-01

① SELECT
```
    apply_id, name,
    CASE product
      WHEN 'A' THEN 'A 獎：浴巾 '
      WHEN 'B' THEN 'B 獎：手帕 '
      WHEN 'C' THEN 'C 獎：入浴劑組合 '
    END AS product_name
  FROM
    apply;
```

② SELECT
```
    apply_id, name,
    IF(
      age < 20,
      '10 幾歲 ',
      IF(
        age < 30,
        '20 幾歲 ',
```

```
      IF(
        age < 40, '30 幾歲 ', '40 歲以上 '
      )
    )
  ) AS age2
FROM
  apply;
```

問題 2

① 請試著以 IF 函數撰寫結果與問題 1 的 ① 一樣的 SELECT 句。若條件都不成立，請顯示為 "。

② 請利用 CASE 撰寫結果與問題 1 的 ② 一樣的 SELECT 句，條件為「age < 數值」。

③ 請利用 CASE 撰寫結果與問題 1 的 ② 一樣的 SELECT 句，條件為「age >= 數值」。

④ 利用 IF 函數撰寫能於 apply 表格現有的欄位新增 result 欄位的 SELECT 句，而 result 欄位只能在 apply_date 在 2020 年之前顯示「確定」。

問題 3

請試著回答下列函數的計算結果。

① COALESCE('abc', NULL)
② COALESCE(NULL, NULL, 1, 'abc', NULL, 'def')
③ IFNULL(NULL, NULL)
④ IFNULL(1, 2)
⑤ NULLIF(1, 1)
⑥ NULLIF(2, 1)
⑦ CAST('1.34' AS DECIMAL(5, 3))

解 答

問題 1 解答

①

apply_id	name	product_name
1	落合惠理子	A 獎：浴巾
2	粟本正文	A 獎：浴巾
3	西松史子	C 獎：入浴劑組合
4	臼井淳	B 獎：手帕
5	小野寺初	C 獎：入浴劑組合

②

apply_id	name	age2
1	落合惠理子	20 幾歲
2	粟本正文	40 歲以上
3	西松史子	30 幾歲
4	臼井淳	30 幾歲
5	小野寺初	20 幾歲

問題 2 解答

① SELECT

```
    apply_id,
    name,
    IF(
      product = 'A',
      'A 獎：浴巾 ',
      IF(
        product = 'B',
```

```
          'B 獎：手帕 ',
          IF(
            product = 'C',
            'C 獎：  入浴劑組合 ',
            ''
          )
        )
      ) AS product_name
   FROM
     apply;


② SELECT
     apply_id,
     name,
     CASE
       WHEN age < 20 THEN '10 幾歲 '
       WHEN age < 30 THEN '20 幾歲 '
       WHEN age < 40 THEN '30 幾歲 '
       ELSE '40 歲以上 '
     END AS age2
   FROM
     apply;


③ SELECT
     apply_id,
     name,
     CASE
       WHEN age >= 40 THEN '40 歲以上 '
       WHEN age >= 30 THEN '30 幾歲 '
       WHEN age >= 20 THEN '20 幾歲 '
       ELSE '10 幾歲 '
     END AS age2
   FROM
     apply;
```

④ SELECT
   apply_id, product, name,
   age, apply_date,
   IF(
     apply_date < '2020-01-01', '確定', ''
) AS result
FROM
  apply;

※ IF 函數可寫成 IF (apply_date <= '2019—12—31',
'確定', '')

※ SELECT 句的「apply_id, product, name, age,
apply_date」的部分可改成「*」

問題 3 解答

① 'abc'　　② 1　　③ NULL　　④ 1

⑤ NULL　　⑥ 2　　⑦ 1.340

在 SELECT 中
執行 SELECT

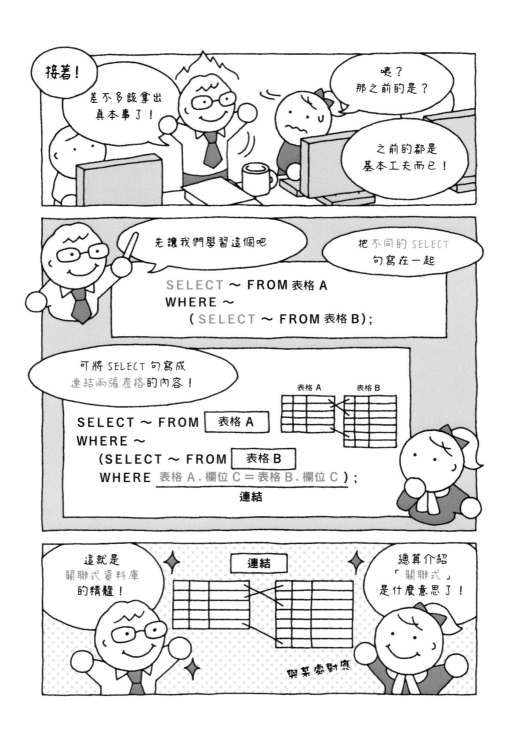

260

一口氣執行多個 **SELECT**

在 SELECT 句插入其他的 SELECT 句，就能一次執行多個 SELECT 句。接下來的學習內容會稍微難一點，但學會 SELECT 句的進階寫法，功力就會大增，我們一起努力學習吧！

01-1 什麼是子查詢？

假設我們手上有一張記錄商品訂購資訊的 productorder 表格，其中包含訂單 ID（order_id）、顧客 ID（customer_id）、商品 ID（product_id）、訂購數量（quantity）、金額（price）、訂購日期（order_time）這些欄位。

讓我們試著在 productorder 表格填入資料。請參考第 0 章，填入下列的資料。

productorder 表格

訂單 ID	顧客 ID	商品 ID	訂購數量	金額	訂購日期
order_id	customer_id	product_id	quantity	price	order_time
1	4	1	12	840	2019-10-13 12:01:34
2	5	3	5	600	2019-10-13 18:11:05
3	2	2	2	1400	2019-10-14 10:43:54
4	3	2	1	700	2019-10-15 23:15:09
5	1	4	3	360	2019-10-15 23:37:11
6	5	2	1	700	2019-10-16 01:23:28
7	1	5	2	300	2019-10-18 12:42:50

商品 ID 為 product 表格的 product_id 的值

顧客 ID 為 product 表格的 customer_id 的值

7

在 SELECT 中執行 SELECT

261

顧客 ID 與商品 ID 是其他
表格的值。

請 在 儲 存 顧 客 會 員 種 類 的 membertype 表 格 輸 入 下 列 的 資
料。總 共 有 會 員 種 類 ID（membertype_id）與 會 員 種 類 名 稱
（membertype）這兩個欄位。

membertype 表格

會員種類 ID membertype_id	會員種類名稱 membertype
1	一般會員
2	優惠會員

訂單資訊都是一筆訂單對應一筆記錄的格式，我們先從所有記錄取得金
額大於等於平均值的訂單。

第一步先計算金額的平均值。

```
SELECT
  AVG(price)
FROM
  productorder;
```

結果為 700。取得 price 的平均值之後，接著要從 productorder
表格取得 price 大於等於平均值 700 的記錄。

```
SELECT
  order_id, price
FROM
  productorder
WHERE
  price >= 700;
```

order_id	price
1	840
3	1400
4	700
6	700

為了「取得 price 大於等於平均值的記錄」，我們寫了兩個 SELECT
句，但其實可將這兩個 SELECT 句合併為一個。

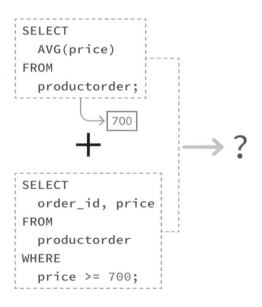

> **例句** 從 productorder 表格取得 price 大於等於平均值的記錄
> ....
>
> ```
> SELECT
>   order_id, price
> FROM
>   productorder
> WHERE
>   price >= (
>     SELECT
>       AVG(price)
>     FROM
>       productorder
>   );
> ```

不能直接寫成
「WHERE price >= AVG（price）」嗎？

摘要函數不能寫在 WHERE 句，所以不行。
如果是上述這種寫法就可以囉！

結果與「SELECT order_id, price FROM productorder WHERE price >= 700;」的執行結果一樣。

這是在 SELECT 句插入另一個 SELECT 句的寫法。這種另外插入的 SELECT 句稱為**子查詢**，而位於外側的 SELECT 句則稱為**主查詢**。

子查詢的部分可用括號括起來，最後也不用加上分號。

主查詢與子查詢

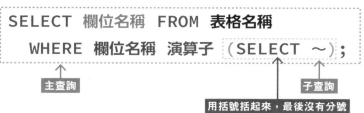

例句的「(SELECT AVG(price) FROM productorder)」就是
子查詢。

> 💡 **冷知識**
>
> **子佇列**
> SELECT 句這種對 DBMS 下達的命令稱為 **query**，主查詢又稱為 **main query**，子查詢又稱為 **sub query**。

01-2 子查詢何時執行？

子查詢會比主查詢先執行。

SELECT 句執行之後，子查詢的部分「(SELECT AVG(price) FROM productorder)」會率先執行，接著置換成結果的 700，之後主查詢才會執行。

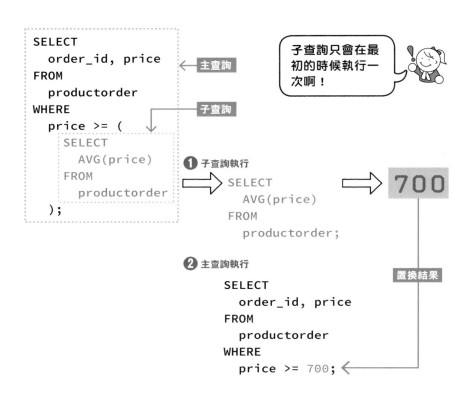

具有子查詢的 SELECT 句很像是連續執行兩個 SELECT 句，但子查詢會先執行，主查詢才會跟著執行。

01-3 子查詢寫在哪裡才正確？

子查詢的結果通常當成主查詢的條件使用，所以子查詢通常會寫在主查詢的 WHERE 句，但其實寫在其他地方也沒關係。

我們試著把子查詢寫在 SELECT 句。

例句 從 productorder 表格取得 price 前三名的 order_id 與 price 的記錄

```
SELECT
  order_id, price,
  (
    SELECT
      COUNT(*)
    FROM
      productorder
  ) AS order_count
FROM
  productorder
ORDER BY
  price
LIMIT
  3;
```

子查詢的結果

主查詢的執行結果

order_id	price	order_count
7	300	7
5	360	7
2	600	7

乍看之下，子查詢的結果都是相同的值，好像沒什麼作用，但其實子查詢可在想要一口氣取得記錄內容與記錄數量時使用。雖然摘要函數與其他欄位不能一起寫在 SELECT 句裡面，但上述這個方法就能連欄位值一起取得。

```
SELECT                           SELECT
  order_id,                        order_id,
  price,                           price,
  COUNT(*)                         (
FROM                                 SELECT
  productorder;                        COUNT(*) ～
                                     )
                                   FROM
                                     productorder;
```

接著讓我們試著在 HAVING 句撰寫子查詢。這次要以 customer_id 群組化 productorder 表格。若是群組的 price 平均值小於整體記錄的 price 平均值，就取得該群組的 customer_id 與 price 平均值。

```
SELECT
  customer_id, AVG(price)
FROM
  productorder
GROUP BY
  customer_id
HAVING                    ┌─────────────────────┐
                          │ 每個群組的 price 平均值 │
  ↓                       └─────────────────────┘
  AVG(price) <
    (
      SELECT
        AVG(price)         ┌─────────────────────┐
                        ←─ │ 整體記錄的 price 平均值 │
      FROM                 └─────────────────────┘
        productorder
    );
```

customer_id	AVG(price)
1	330.0000
5	650.0000

由於整體記錄的 price 平均值為 700，所以這次取得的是 price 平均值小於 700 的群組的記錄。讓我們試著刪除 HAVING 句再執行 SELECT 句，確認一下每個群組的 price 平均值。

此外，主查詢與子查詢的表格不一定要相同，例如這次是從 customer 表格取得 membertype 表格的 membertype 為優惠會員的會員資料。

```
SELECT
  customer_id,
  customer_name
FROM
  customer
WHERE
  membertype_id =
    (
      SELECT
        membertype_id
      FROM
        membertype
      WHERE
        membertype = '優惠會員'
    );
```

取得 membertype 為 '優惠會員' 的 membertype_id

customer_id	customer_name
1	阿部彰
3	竹村仁美
5	大川裕子

在子查詢從 membertype 表格取得 membertype 欄位與 ' 優惠會員 ' 一致的 membertype_id。與 ' 優惠會員 ' 一致的 membertype_id 為 2，所以子查詢的部分被置換成 2，接著再從 customer 表格取得 membertype_id 為 2 的會員資訊。子查詢的表格為 membertype，主查詢的表格為 customer。

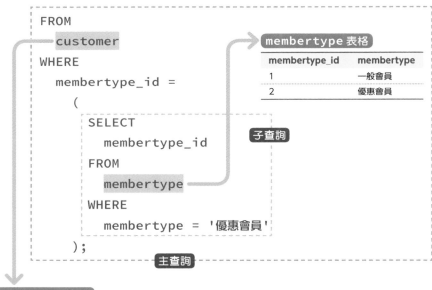

01-4 思考子查詢的結果

到目前為止，例句裡的子查詢都只傳回一個值。

只傳回一個值的子查詢稱為**單列子查詢**。

由於子查詢是以 SELECT 句撰寫，所以結果當然可以是多列，而這種傳回多列記錄的子查詢又稱為**多列子查詢**。

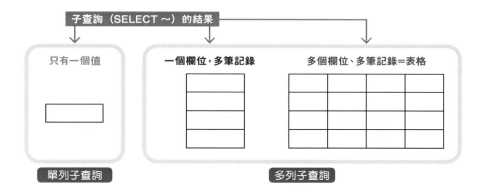

主查詢如何使用子查詢的結果，端看子查詢的結果是單列還是多列。

比方說，不能對下列傳回多列記錄的子查詢使用 = 或 > 這類比較運算子。

如果想從 productorder 表格取得 product 表格的 price 大於等於 150 的 product_id，卻把程式寫成下列內容，就無法正常執行。

```
SELECT
  order_id, product_id
FROM
  productorder
WHERE
  product_id =
    (
      SELECT
        product_id
      FROM
        product
      WHERE
        price >= 150
    );
```

`(SELECT product_id FROM product WHERE price >= 150)`

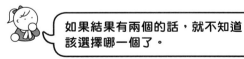

product 表格的 price 大於等於 150 的 product_id 有兩個，代表子查詢的結果為多列，所以無法利用 = 運算子比較。

像這樣以比較運算子比較單一值的時候，就使用傳回單一值的單列子查詢。

多列子查詢的使用方法會在後續說明。

💡 冷知識

子查詢的優缺點

雖然具有子查詢的 SELECT 句會變得複雜，但將多個 SELECT 句寫成一個的確比較方便。於本章結尾介紹的關聯子查詢雖然處理速度較慢，但在某些情況下，處理速度反而會比較快。

就算不使用子查詢，也可以將處理寫成多個 SELECT 句或使用其他語法完成相同的處理。在使用子查詢之前，請先想想優缺點再決定要不要使用。

結果有很多個的子查詢

子查詢的結果也可能是很多筆記錄。我們來看看當子查詢傳回多筆記錄時，該如何在主查詢使用子查詢的結果。

02-1 該如何使用多個結果？

讓我們一起思考子查詢的結果為多筆記錄、一個欄位的情況。當子查詢的結果為一個欄位、多筆記錄，可以使用下列的運算子。

可於子查詢的結果為一個欄位、多筆記錄之際使用的運算子

運算子	使用方法	意義
IN	a IN（子查詢）	a 與任何一個子查詢的結果一致時傳回 1
NOT IN	a NOT IN（子查詢）	a 與任何一個子查詢的結果都不一致時傳回 1
ANY	a 運算子 ANY（子查詢）	子查詢的任何一個結果與 a 的運算結果為 1 就傳回 1
ALL	a 運算子 ALL（子查詢）	子查詢的每個結果與 a 的運算結果為 1 就傳回 1

第 3 章已學過 IN 運算子與 NOT　IN 運算子，當時是將參數指定為「(1,2,3)」的列表，但其實也可以指定為子查詢的結果。

IN 運算子會在與子查詢的任何一個結果一致時傳回 1。

我們利用 IN 運算子從 customer 表格取得 productorder 表格的 price 大於等於 700 的 customer_id 的資訊。

```
SELECT
  customer_id, customer_name
FROM
  customer
WHERE
  customer_id IN
    (
      SELECT
        DISTINCT customer_id
      FROM
        productorder
      WHERE
        price >= 700
    );
```

price 的值大於等於 700 的 customer_id

customer_id	customer_name
4	原和成
2	石川幸江
3	竹村仁美
5	大川裕子

先在子查詢取得 productorder 表格的 price 大於等於 700 的
customer_id。由於可能會有重複的記錄，所以使用了 DISTINCT。

接著利用子查詢的結果與 IN 運算子，從 customer 表格取得顧客的
資訊。

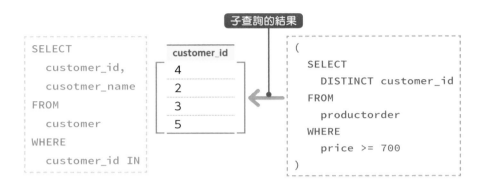

02-2 使用 ANY 運算子與 ALL 運算子

接著，我們來試用看看 ANY 運算子與 ALL 運算子。IN 運算子的功能在於判斷是否一致，但 ANY 運算子與 ALL 運算子則有與 = 運算子或其他比較運算子搭配使用的功能。比較運算子可在 ANY 與 ALL 的前面指定。

其實 ANY 運算子與 ALL 運算子不能以「< ANY (10,20,30)」這種直接在參數指定值的方式使用，因為這兩個運算子是用於子查詢結果的運算子。接下來為了方便說明，故意將參數改成列表格式。

```
       < ANY (10, 20, 30)
欄位值 12 ──────────↑───↑──────  ➜ 1

       < ANY (10, 20, 30)
    40 ──────────↑───↑───↑───  ➜ 0

       >= ALL (10, 20, 30)
欄位值 40 ──────────↑───↑───↑──  ➜ 1

       >= ALL (10, 20, 30)
    12 ──────────↑───↑───↑───  ➜ 0
```

可以分別取得最大值再進行比較嗎？

可以是可以，但先記住使用方法吧！

ANY 的部分會先以運算子比較，若任何一個參數為 1 就傳回 1，ALL 的部分則是在參數全部為 1 的時候傳回 1。

讓我們試著將子查詢的結果當成參數使用。

以 子 查 詢 取 得 productorder 表 格 的 每 個 product_id 的 quantity 的合計值。接著從 product 表格取得 stock 比任何一個子查詢的結果都小的記錄。

```
SELECT
  *
FROM
  product
WHERE stock < ANY
  (
    SELECT
      SUM(quantity)
    FROM
      productorder        ← 每個 product_id 的
    GROUP BY                 quantity 的合計值
      product_id
  );
```

子查詢的結果如下。

SUM(quantity)
12
4
5
3
2

在 product 表格之中，stock 比子查詢的結果還小的記錄只有兩筆，
所以主查詢的結果如下。

product_id	product_name	stock	price
3	溫泉之鄉草津	4	120
5	草莓肥皂 100%	10	150

= ANY 與 IN 的功能相同嗎？

雖然「= ANY」的部分也可利用 IN 運算子改寫，「<> ANY」也能以 NOT IN 運算子改寫，但不代表用哪邊都可以。一如第 3 章的說明，IN 運算子可將比較對象寫成「IN (1,2,3)」這種列表格式，但 ANY 運算子無法使用「= ANY (1,2,3)」這種語法，因為 ANY 與 ALL 都是用於子查詢結果的運算子。

02-3 使用多列子查詢的注意事項？

IN 運算子與 ANY 運算子若找不到與參數的子查詢結果一致的記錄，以及結果之中有 NULL，運算結果就會是 NULL。

```
5 IN (1, 2, 3)      ➡ 結果是 0
5 IN (1, 2, NULL)   ➡ 結果是 NULL
2 IN (1, 2, NULL)   ➡ 結果是 1
```

就算有 NULL，只要有一致的記錄就沒問題。

若是先從子查詢的結果排除 NULL，就不用擔心運算結果是 NULL。

此外，**IN** 運算子或其他用於多列子查詢的運算子不能與使用了 **LIMIT** 句的子查詢一起使用。MySQL 的某些版本雖然允許這種使用方法，但在某些環境下會無法正常執行。

我們來做個實驗。第一步先利用子查詢根據 productorder 表格的 price 的降冪順序，取得前三筆記錄的 customer_id，接著再從 customer 表格取得對應的 customer_id 與 customer_name。

```
SELECT
  customer_id, customer_name
FROM
  customer
WHERE
  customer_id IN ←
    (
      SELECT
        customer_id
      FROM
        productorder
      ORDER BY
        price DESC
      LIMIT 3 ←           這個組合不能使用
    );
```

有 **LIMIT** 的子查詢若與 **IN** 運算子一起使用就會出現錯誤。

此時的錯誤訊息為「This version of MySQL doesn't yet support 'LIMIT & IN/ALL/ANY/SOME subquery'」。意思是「這個版本還不能使用 'LIMIT & IN/ALL/ANY/SOME subquery'」。

那麼要在子查詢使用 **LIMIT** 句該怎麼寫？可試著寫成下列的內容。

```
SELECT
  customer_id, customer_name
FROM
  customer
WHERE
  customer_id IN
    (
      SELECT
        customer_id
      FROM
        (
          SELECT
            customer_id
          FROM
            productorder
          ORDER BY
            price DESC
          LIMIT 3
        ) AS tmp
    );
```

customer_id	customer_name
2	石川幸江
4	原和成
3	竹村仁美

外側的子查詢沒有 LIMIT，
所以可使用 IN 運算子。

原來如此，子查詢也可以是巢狀結構啊！

上述的程式是在子查詢之中插入子查詢。子查詢可以插入無限多個子查詢，而且會從最內側的子查詢開始執行。

```sql
SELECT
  customer_id, customer_name
FROM
  customer
WHERE
  customer_id IN
    (
      SELECT
        customer_id
      FROM
        (
          SELECT
            customer_id
          FROM
            productorder
          ORDER BY
            price DESC
          LIMIT 3
        ) AS tmp
    );
```

這裡沒有 LIMIT！

在這裡執行 LIMIT

❶執行最內側的子查詢

customer_id
2
4
3

❷執行下一個子查詢

customer_id
2
4
3

於最內側的子查詢使用 LIMIT 句，限制記錄筆數的上限。此時必須以 AS 替結果另外命名。

接著根據第一個子查詢的結果在下一個子查詢取得 customer_id。由於外側的子查詢沒有 LIMIT 句，所以使用 IN 運算子也沒問題。

02-4 如果子查詢的結果是表格？

這次要介紹的是，多列子查詢的結果有多個欄位時的使用方法。由於結果是多列多欄，所以可直接解讀成一張表格。

讓我們先利用 customer_id 群組化 productorder 表格的資料，接著再計算每個群組的購買次數以及平均值。群組化的部分可於子查詢執行。

```
SELECT
  AVG(c)
FROM
  (
    SELECT
      customer_id,
      COUNT(*) AS c          利用 customer_id 群組化，
    FROM                     再計算每個群組的購買次數
      productorder
    GROUP BY
      customer_id
  ) AS a;
```

AVG(c)
1.400

在子查詢利用 customer_id 群組化 productorder 表格，再計算每個群組的購買次數。子查詢的 SELECT 句不需要插入 customer_id，但為了方便確認，可先插入。

子查詢的結果，也就是表格的內容如下。

customer_id	c
1	2
2	1
3	1
4	1
5	2

接著根據子查詢傳回的表格,在主查詢計算各群組的平均購買次數。

大家要記得替子查詢傳回的表格以 AS 另外命名。

由此可知,多列多欄的子查詢結果很常在主查詢的 FROM 句當成表格使用。

7

在 SELECT 中執行 SELECT

💡 冷知識

何時需要使用 AS?

剛剛提到,多列子查詢的結果若要在 SELECT 句使用,必須以 AS 另外命名,如果需要另外命名卻忘記了,就會顯示「Every derived table must have its own alias」這個錯誤訊息,意思是「導出表格必須另外命名」。

若不知道何時需要使用 AS 另外命名的話,可試著替那些命名也無妨的所有內容命名。

03 關聯子查詢

讓表格產生關聯性的資料庫稱為關聯式資料庫。到目前為止，我們還沒學過讓表格產生關聯性的方法，但接下來要為大家介紹的 SELECT 句，就能使用這種關聯式資料庫的特性，讓我們一起學習這種 SELECT 句的寫法吧！

03-1 什麼是關聯子查詢？

有子查詢的 SELECT 句會先從子查詢開始執行，接著子查詢的結果會匯入主查詢，主查詢再跟著執行。基本上子查詢是可自外於主查詢的 SELECT 句，獨立執行的部分，但有時候卻需要與主查詢一起執行，而這種子查詢就稱為**關聯子查詢**。

使用關聯子查詢的時候，會先執行主查詢，接著針對主查詢的每一筆記錄執行子查詢，執行流程與一般的子查詢完全不同。

讓我們根據 productorder 表格的購買數量，從 product 表格的商品取得購買數量大於 3 的商品的資訊。

```
SELECT
  product.product_id,
  product.product_name
FROM
  product
WHERE
  3 < (
    SELECT
      SUM(quantity)
    FROM
      productorder
    WHERE
      product.product_id = productorder.product_id
  );
```

7

在 SELECT 中執行 SELECT

productorder表格的商品購買數量

product_id	product_name
1	藥用入浴劑
2	藥用手皂
3	溫泉之鄉草津

主查詢的對象是 product 表格，子查詢則會針對 product 表格的每一筆記錄執行。此時的子查詢會搜尋與「product 表格的 product_id」一致的「productorder 表格的 product_id」，換言之，子查詢參照了主查詢的值。

主查詢與子查詢出現了兩種表格。為了標記欄位來自哪個表格，必須以「.」串起表格與欄位。

product.product_id 代表 product 表格的 product_id 欄位。

如果是能一眼看出該欄位來自哪張表格,就不需要特別加上表格名稱。

product_name ← 只有 product 表格才有的欄位

quantity ← productorder 表格才有的欄位

子查詢的搜尋條件使用了兩張表格都一樣的 product_id 欄位,所以不需要特別指定是哪張表格的欄位。

像這樣參照主查詢的值的子查詢就稱為關聯子查詢。

03-2 了解關聯子查詢的機制

接著讓我們觀察關聯子查詢的執行流程。

若是一般的子查詢會先執行，但關聯子查詢會針對主查詢的每一筆記錄執行。

主查詢會先執行 FROM 句，接著執行 WHERE 句。

由於關聯子查詢位於 WHERE 句之中，所以會在 WHERE 句之中，針對主查詢的每一筆記錄執行。

```
SELECT
  product.product_id, product.product_name
FROM
  product
WHERE 3 <
  (
    SELECT
      SUM(quantity)
    FROM
      productorder
    WHERE
      product.product_id = productorder.product_id
  );
```

關聯子查詢

針對每一筆
記錄執行

當 product 表格的 product_id 為 1 時，執行下一個子查詢。

```
(
    SELECT                               關聯子查詢
        SUM(quantity)    ➡ 結果為 12
    FROM
        productorder
    WHERE
        1 = productorder.product_id
)
    productorder 表格的 product_id
```

由於結果為 12，所以主查詢的 WHERE 句的條件「3 < 12」為 TRUE，
於是取得 product_id 為 1 的記錄。

??? 這裡不是很懂…

讓我們用圖解來說明吧！

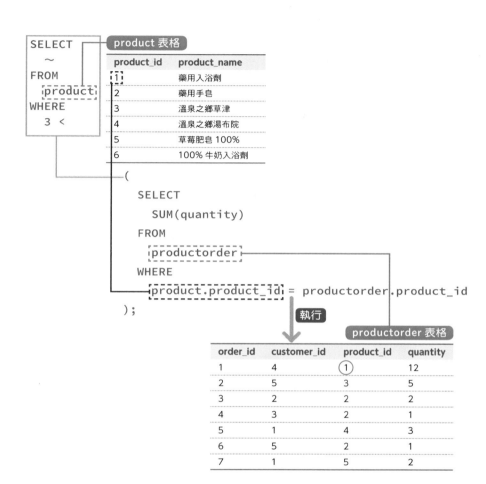

```
SELECT
  ~
FROM
  product
WHERE
  3 <
    (
    SELECT
      SUM(quantity)
    FROM
      productorder
    WHERE
      product.product_id = productorder.product_id
    );
```

product 表格

product_id	product_name
1	藥用入浴劑
2	藥用手皂
3	溫泉之鄉草津
4	溫泉之鄉湯布院
5	草莓肥皂 100%
6	100% 牛奶入浴劑

執行

productorder 表格

order_id	customer_id	product_id	quantity
1	4	1	12
2	5	3	5
3	2	2	2
4	3	2	1
5	1	4	3
6	5	2	1
7	1	5	2

子查詢的確會與主查詢連動耶！

對啊！子查詢會針對主查詢的每一筆記錄執行。

291

同樣的，子查詢也會針對 product 表格的每一個 product_id 執行。

要在主查詢的 WHERE 撰寫關聯子查詢的時候，可使用下列的語法。

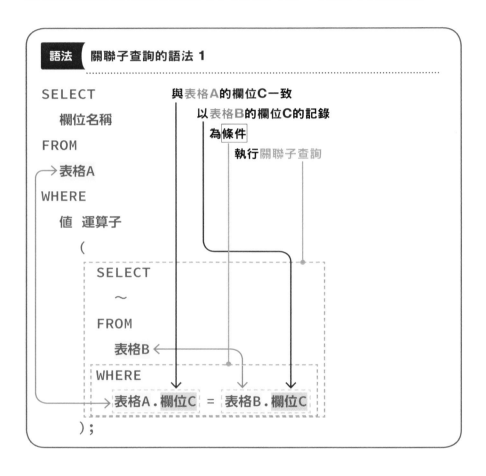

03-3 總算提到「關聯性」了！

讓我們觀察一下訂單資訊與顧客資訊的表格。

customer 表格為顧客資訊的表格，主鍵為 customer_id，而
productorder 表格的主鍵為 order_id，這張表格也記錄了訂購
的商品與顧客資訊。

productorder 表格的 customer_id 是 customer 表格的主鍵
customer_id 的某個值。

由於 customer 表格的 customer_id 是主鍵，所以 customer 表
格沒有與 customer_id 重複的值，換言之，就是資料沒有與其他欄
位重複的欄位。

在關聯式資料庫的世界裡，將這種未與其他欄位重複的欄位指定為其他
表格的欄位，就能讓兩張表格產生「關聯性」。

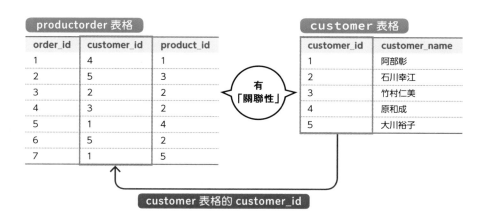

customer 表格的 customer_id 與 productorder 表格的
customer_id 指向相同的內容，所以兩邊的記錄會產生關聯性。

這種建立關聯性的外部表格的欄位稱為**外部鍵**。productorder 表格
的 customer_id 就是外部鍵。

也許你會好奇，不讓表格產生關聯性，直接在訂單資訊輸入顧客名稱或其他顧客資訊，不是比較簡單易懂嗎？但是將不同的資訊儲存在不同的表格，會是比較理想的方式。

比方説，放棄 customer 表格，直接將顧客名稱或其他顧客資訊寫在 productorder 表格的話，要是突然出現同名同姓的顧客，就無法判斷是哪位顧客購買商品了。

order_id	customer_name
101	山田花子
102	田中太郎
103	山田花子
104	山田花子

同一個人？還是同名同姓？

更糟的是，如果同一位顧客重複購買，每購買一次就得輸入一次該顧客的資訊，白白增加資料容量。

order_id	customer_name	customer_address	customer_tel
101	山田花子	東京都○○區△△ 1-2-3	03-xxxx-yyyy
103	山田花子	東京都○○區△△ 1-2-3	03-xxxx-yyyy

要是同一個人的話，就白白增加資料容量了

關聯式資料庫可利用不同的表格管理不同的資料，精簡資料容量。

💡 冷知識

外部鍵制約

外部鍵就是其他表格的資料，通常我們無法將其他表格沒有的資料存入外部鍵的欄位。舉例來說，我們無法將 customer_id=100 這個 customer 表格沒有的資料存入 productorder 表格的 customer_id 欄位。這就稱為外部鍵制約。雖然這個制約可透過表格的設定解除，但本書的學習表格不打算如此設定，只將欄位設定成相同的名稱，再存入具有關聯性的資料，也就是不完全的外部鍵狀態。

03-4 替表格另外命名

在單一的 SELECT 句參照多張表格時，必須指定欄位來自哪張表格。

如此一來，就能知道欄位來自哪張表格。

不過，每次都要指定這麼長的表格名稱或相似的表格名稱實在很麻煩，所以建議大家以 AS 替表格另外命名。

假設我們將 product 表格命名為 a，並將 productorder 表格命名為 b。

```
SELECT
  a.product_id, a.product_name
FROM
  product AS a
WHERE
  3 <
    (
      SELECT
        SUM(quantity)
      FROM
        productorder AS b
      WHERE
        a.product_id = b.product_id
    );
```

子查詢的 quantity 沒寫成「b.quantity」這種與表格名稱寫在一起的格式，是因為 quantity 欄位只在 productorder 表格出現，不需要加註表格名稱。

不用加註表格名稱也能知道欄位來自何處時，就不需要特別加註表格名稱。主查詢的 SELECT 句的「a.product_id」與「a.product_name」也是 product 表格才有的欄位，所以寫成「product_id」與「product_name」也不會有問題。

不過，若使用了多張表格，還是建議大家寫成「表格名稱.欄位名稱」，SELECT 句才會簡單易懂。

💡 冷知識

該怎麼在 AS 句另外命名？

之後會越來越常利用 AS 句替表格命名，不過要在單一的 SELECT 句不斷命名實在很麻煩，而且還要花時間取不同的名字，也有可能另外取的名字太長，所以只要能區分的話，命名為 a 或 b 這種名字也無妨。

03-5 關聯子查詢的使用方法

基本上，關聯子查詢的使用方法與一般的子查詢幾乎一樣，只要寫在能正確使用子查詢結果的位置就不會有問題。關聯子查詢會參照主查詢的值與子查詢不能在 FROM 句使用這兩點是兩者的差異。

讓我們試著在 SELECT 句撰寫關聯子查詢。

讓我們從 customer 表格取得 customer_id 與 customer_name 以及每位顧客的總購買金額。每位顧客的總購買金額可透過關聯子查詢從 productorder 表格取得。

```
SELECT
  a.customer_id,
  a.customer_name,
  (
    SELECT
      SUM(b.price)
    FROM
      productorder AS b
    WHERE
      a.customer_id = b.customer_id
  ) AS total
FROM
  customer AS a;
```

每位顧客的總購買金額

customer_id	customer_name	total
1	阿部彰	660
2	石川幸江	1400
3	竹村仁美	700
4	原和成	840
5	大川裕子	1300

就算將關聯子查詢寫在 SELECT 句，執行流程還是不變。

不過關聯子查詢還是會依照主查詢的執行順序執行，所以關聯子查詢會在主查詢的 SELECT 句執行時，針對主查詢的每一筆記錄執行。

若在 SELECT 句撰寫關聯子查詢，可寫成下列內容。

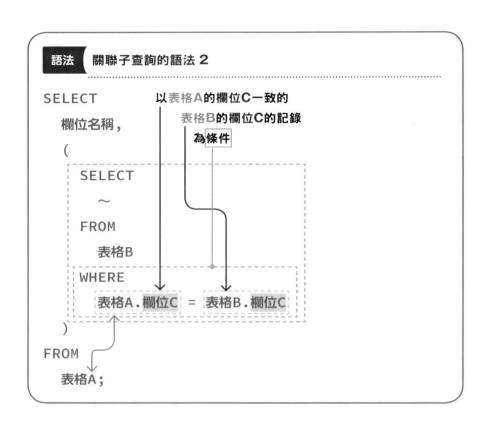

語法 　關聯子查詢的語法 2

```
SELECT
    欄位名稱,
    (
        SELECT
            ~
        FROM
            表格B
        WHERE
            表格A.欄位C = 表格B.欄位C
    )
FROM
    表格A;
```

以表格A的欄位C一致的
表格B的欄位C的記錄
為條件

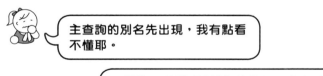

主查詢的別名先出現，我有點看不懂耶。

只要依照 SELECT 句的執行順序來看就好。

03-6 什麼是 EXITS 運算子？

EXISTS 是用於關聯子查詢的結果的運算子。

用於關聯子查詢的結果的運算子

運算子	使用方法	意義
EXISTS	EXISTS（子查詢）	若有子查詢的結果就傳回 1

讓我們從 product 表格的記錄之中，取得在 productorder 表格有資料的 product_id。換言之，只取得有銷售額的商品的資訊。

```
SELECT
  a.product_id, a.product_name
FROM
  product AS a
WHERE
  EXISTS
    (
      SELECT
        *
      FROM
        productorder AS b
      WHERE
        a.product_id = b.product_id
    );
```

product_id	product_name
1	藥用入浴劑
2	藥用手皂
3	溫泉之鄉草津
4	溫泉之鄉湯布院
5	草莓肥皂 100%

這次在子查詢取得 productorder 表格的 product_id。當 product_id 為 1，代表子查詢的結果為一筆記錄，也就是「有記錄」的意思，所以 EXISTS 運算子的傳回值為 TRUE，於是從 product 表格取得 product_id 為 1 的記錄。

product_id 為 6 的時候，代表子查詢的結果不存在，所以 EXISTS 運算子的結果為 FALSE，所以不會從 product 表格取得 product_id 為 6 的記錄。

存在 →
EXISTS 的結果為 TRUE

productorder 表格

order_id	customer_id	product_id
1	4	1
2	5	3
3	2	2
4	3	2
5	1	4
6	5	2
7	1	5

product 表格

product_id	product_name	stock	price
1	藥用入浴劑	100	70
2	藥用手皂	23	700
3	溫泉之鄉草津	4	120
4	溫泉之鄉湯布院	23	120
5	草莓肥皂 100%	10	150
6	100% 牛奶入浴劑	15	140

不存在 →
EXISTS 的結果為 FALSE

問題 1

接下來要對下列的 student 表格執行能取得 ①～④ 的結果的 **SELECT** 句。
請試著在 ☐☐☐☐ 的部分填入正確內容。

[student]

id	student_name	height	weight	blood_type	birthday
1	田中 初美	160	51	O	1998-08-11
2	近藤 秀一	172	65	A	1999-06-08
3	小坂 紀子	158	48	B	1997-08-03
4	菅野 美砂	161	55	A	1998-01-23
5	木村	168	62	O	1997-10-08
6	丹羽 禮子	153	42	AB	1998-07-25

① 取得 `height` 小於平均值的記錄的 `student_name` 與 `height` SELECT。

```
   student_name, height
FROM
   student
WHERE
   height <
     (

     ┌─────────────────────┐
     │                     │
     └─────────────────────┘

     );
```

② 取得與 weight 最大值一致的記錄的 student_name 與 weight。

```
SELECT
    student_name, weight
FROM
    student
WHERE
    weight =
        (

        );
```

③ 群組化 blood_type 的資料，再計算各 blood_type 的平均人數（在子查詢計算 blood_type 與各 blood_type 的人數）。

```
SELECT
    AVG(c)
FROM
    (

    ) AS a;
```

④ 群組化 blood_type 的資料，再取得 blood_type 只有一個人的記錄的 student_name 與 blood_type。

```
SELECT
    student_name, blood_type
FROM
    student
WHERE
    blood_type IN
        (

        );
```

問題 2

請寫出執行問題 1 的 SQL 時，子查詢的結果與整體的結果。

問題 3

假設我們有一張記錄學生出席資訊的 **student_absence** 表格。

student_absence 表格的 student_id 欄位與問題 1 的 **student** 表格 的 id 是 相 同 的 內 容。 請 撰 寫 能 從 **student** 表 格 與 **student_absence** 表格取得 ①～③ 的結果的 SELECT 句。

[student_absence]* 第一列為資料類型

INT	DATE
id	absence_date
2	2019-06-06
6	2019-08-02
5	2019-12-11
2	2020-01-27
1	2020-01-29
5	2020-02-08

① 除了取得 student 表格的所有 id 與 student_name，還要取得每位 學生的缺席次數（請將缺席次數命名為 absence）。

② 從 student 表格取得缺席次數大於等於 2 次以上的學生的 id 與 student_name。

③ 從 student 表格取得未曾缺席的學生的 id 與 student_name（使用 NOT EXISTS）。

問題 **1** 解答

① SELECT
   AVG(height)
  FROM
   student

② SELECT
   MAX(weight)
  FROM
   student

③ SELECT
   blood_type, COUNT(*) AS c
  FROM
   student
  GROUP BY
   blood_type

※ 沒有 blood_type 也沒關係。

④ SELECT
   blood_type
  FROM
   student
  GROUP BY
   blood_type
  HAVING
   COUNT(*) = 1

問題 **2** 解答

①子查詢的結果

AVG(height)
162.0000

整體結果

student_name	height
田中初美	160
小坂紀子	158
菅野美砂	161
丹羽禮子	153

②子查詢的結果

MAX(weight)
65

整體結果

student_name	weight
近藤秀一	65

③子查詢的結果

blood_type	c
A	2
AB	1
B	1
O	2

整體結果

AVG(c)
1.5000

※ 指定項目之外的 AS 句可自由命名。

④子查詢的結果

blood_type
AB
B

整體結果

student_name	blood_type
小坂紀子	B
丹羽禮子	AB

問題 3 解答

※ 指定項目之外的 AS 句可自由命名。

① SELECT
    a.id,
    a.student_name,
    (
      SELECT
        COUNT(*)
      FROM
        student_absence AS b
      WHERE
        a.id = b.student_id
) AS absence
  FROM
    student AS a;

② SELECT
    a.id, a.student_name
  FROM
    student AS a
  WHERE
    2 <=
      (
        SELECT
          COUNT(*)
        FROM
          student_absence AS b
        WHERE
          a.id = b.student_id
      );

③
```sql
SELECT
    a.id, a.student_name
FROM
    student AS a
WHERE
    NOT EXISTS
      (
        SELECT
          *
        FROM
          student_absence AS b
        WHERE
          a.id = b.student_id
      );
```

第 **8** 章　合併表格

01 讓**表格**垂直合併

多張表格能垂直合併為一張表格。到目前為止,我們操作的都是既有的表格,但其實也能透過 **SELECT** 句垂直合併多張表格,藉此建立新的表格。

01-1 垂直合併兩張表格

兩張表格可利用 UNION 垂直合併。UNION 可寫在兩邊的 SELECT 句之間。

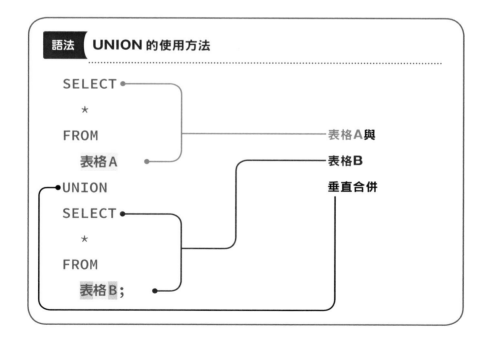

語法　UNION 的使用方法

```
SELECT
  *
FROM
  表格A                    表格A與
UNION                      表格B
SELECT                     垂直合併
  *
FROM
  表格B;
```

UNION 可合併前後的 SELECT 句所建立的表格。

由於要合併的是兩張表格，所以兩張表格的欄位內容必須相同。

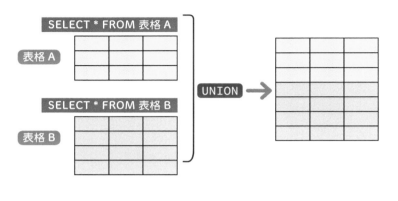

UNION 可合併前後的 SELECT 句所建立的表格。

我們來試用看看 UNION。

我們有一張問卷調查結果的 inquiry 表格，試著以 UNION 將這張表格與過去的問卷調查結果的 inquiry_2019 合併。這張 inquiry_2019 表格與 inquiry 表格的構造相同，資料可隨意填入。

inquiry 表格

id	pref	age	star
1	東京都	20	2
2	神奈川縣	30	5
3	埼玉縣	40	3
4	神奈川縣	20	4
5	東京都	30	4
6	東京都	20	1

inqiury_2019 表格

id	pref	age	star
1	東京都	10	4
2	神奈川縣	20	3

```
SELECT
  *
FROM
  inquiry
UNION
SELECT
  *
FROM
  inquiry_2019;
```

可使用多個 UNION 合併多張表格。

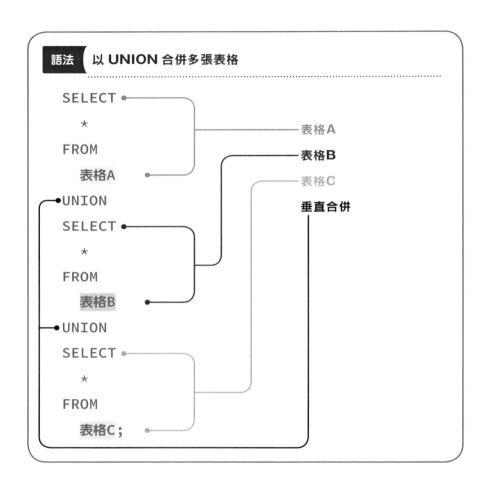

語法 以 UNION 合併多張表格

```
SELECT
    *
FROM
    表格A
UNION
SELECT
    *
FROM
    表格B
UNION
SELECT
    *
FROM
    表格C;
```

表格A
表格B
表格C

垂直合併

假設合併的表格欄位名稱不同，會以第一張表格的欄位名稱為準。

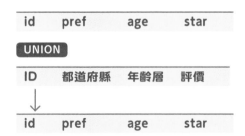

id	pref	age	star

UNION

ID	都道府縣	年齡層	評價

↓

id	pref	age	star

01-2 UNION 不允許重複的資料出現

讓我們試著在 inquiry_2018 表格新增另一筆記錄。

id	pref	age	star
3	埼玉縣	40	3

此時若利用 UNION 兮併 inquiry 表格與 inquiry_2019 表格,會無法顯示新增的這筆記錄。

這是因為 inquiry 表格已有與這筆新增的記錄完全一樣的記錄。

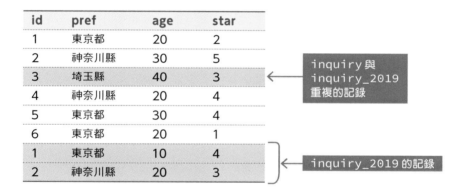

換言之,利用 UNION 合併表格時,不允許出現重複的記錄。

若要在合併表格的時候允許出現重複的記錄,必須使用 UNION ALL。

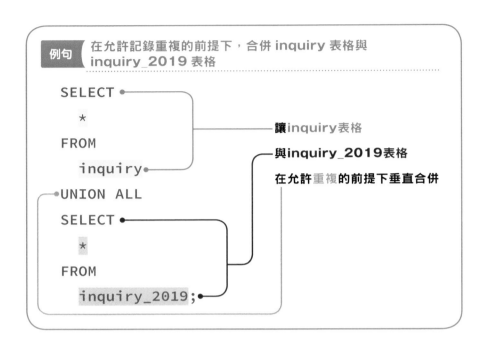

```
SELECT
  *
FROM
  inquiry
UNION ALL
  SELECT
    *
  FROM
    inquiry_2019;
```

讓inquiry表格

與inquiry_2019表格

在允許重複的前提下垂直合併

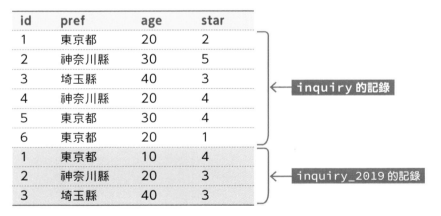

id	pref	age	star
1	東京都	20	2
2	神奈川縣	30	5
3	埼玉縣	40	3
4	神奈川縣	20	4
5	東京都	30	4
6	東京都	20	1
1	東京都	10	4
2	神奈川縣	20	3
3	埼玉縣	40	3

← inquiry 的記錄

← inquiry_2019 的記錄

UNION ALL 可在允許重複的情況下合併所有記錄。

01-3 UNION 的使用方法

試著執行下面的 SELECT 句。

```
SELECT
  *
FROM
  inquiry
UNION
SELECT
  *
FROM
  inquiry_2019
LIMIT 1;
```

id	pref	age	star
1	東京都	20	2

從結果可以發現，利用 UNION 合併表格之後，又執行了 LIMIT 句。

如果只想針對第二個 SELECT 句的「SELECT * FROM inquiry_2019」執行 LIMIT，該怎麼改寫程式？

此時可利用括號括住有 LIMIT 句的 SELECT 句。

```
SELECT
  *
FROM
  inquiry
UNION
(
  SELECT
    *
  FROM
    inquiry_2019
  LIMIT 1
);
```

id	pref	age	star
1	東京都	20	2
2	神奈川縣	30	5
3	埼玉縣	40	3
4	神奈川縣	20	4
5	東京都	30	4
6	東京都	20	1
1	東京都	10	4

inquiry 的記錄 ←

inquiry_2019 的記錄 ←

若想針對 UNION 的結果執行 ORDER BY 句或 LIMIT 句，可寫在兩個 SELECT 句的最後。若想針對不同的 SELECT 句執行 ORDER BY 句或 LIMIT 句，可使用括號分別撰寫 SELECT 句。

用括號括住的 SELECT 句可插入各自的 WHERE 句。

例句　從 inquiry 表格與 inquiry_2019 表格各篩選兩列記錄
合併，再以 star 欄位的昇冪排序

```
(
  SELECT
    *
  FROM
    inquiry
  LIMIT 2
)
UNION
(
  SELECT
    *
  FROM
    inquiry_2019
  LIMIT 2
)
ORDER BY
  star;
```

LIMIT 2

id	pref	age	star
1	東京都	20	2
2	神奈川縣	30	5
3	埼玉縣	40	3
4	神奈川縣	20	4
5	東京都	30	4
6	東京都	20	1

ORDER BY star

＋

LIMIT 2

id	pref	age	star
1	東京都	10	4
2	神奈川縣	20	3
3	埼玉縣	40	3

💡 冷知識

在 ORDER BY 指定數值

ORDER BY 句的排序鍵可指定為在 SELECT 句指定的欄位的排列順序。雖然兩張表格的欄位名稱不同時，會以第一張表格的欄位名稱為準，但如果怕分不清以哪張表格的欄位名稱為準，可直接以數值指定。

如果想對 UNION 建立的表格執行 WHERE 句該怎麼做呢？

雖然我們可在不同的 SELECT 句撰寫 WHERE 句，但這麼做很花時間，反之，若將 UNION 寫在 FROM 句，當成子查詢使用，程式碼就會變得更加簡潔。

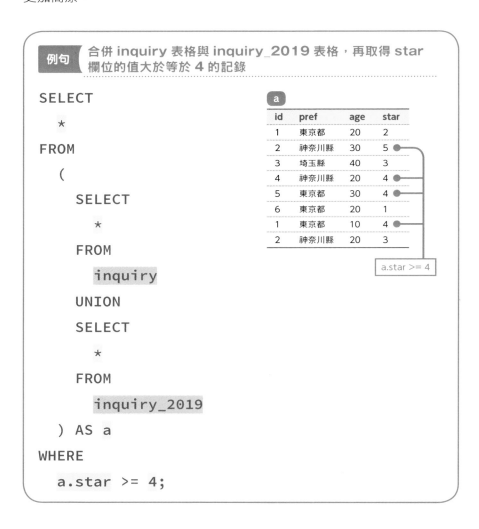

| 例句 | 合併 inquiry 表格與 inquiry_2019 表格，再取得 star 欄位的值大於等於 4 的記錄 |

```
SELECT
  *
FROM
  (
    SELECT
      *
    FROM
      inquiry
    UNION
    SELECT
      *
    FROM
      inquiry_2019
  ) AS a
WHERE
  a.star >= 4;
```

a

id	pref	age	star
1	東京都	20	2
2	神奈川縣	30	5
3	埼玉縣	40	3
4	神奈川縣	20	4
5	東京都	30	4
6	東京都	20	1
1	東京都	10	4
2	神奈川縣	20	3

a.star >= 4

id	pref	age	star
2	神奈川縣	30	5
4	神奈川縣	20	4
5	東京都	30	4
1	東京都	10	4

這次在 FROM 句這個子查詢以 UNION 合併了兩張表格。要以 UNION 合併時，必須利用 AS 替表格另外命名。

這次將表格命名為 a，並且對這張臨時建立的 a 表格執行了 WHERE 句。

💡 冷知識

UNION 之外的運算子

UNION 可合併兩張表格的所有內容。除了 UNION 之外，其他 DBMS 也內建了類似的運算子，可針對兩張表格進行運算，但 MySQL 並未內建這類運算子。

比方說，取得兩張表格差異的 EXCEPT，或是只取得兩張表格共同部分的 INTERSECT 就是其中之一。

02 讓表格水平合併

前面已經學習讓表格垂直合併的方法了,接下來讓我們試著水平合併表格。水平合併表格的方法有很多,所以先來一起了解這些方法的差異。

02-1 水平合併表格

要水平合併表格時,不是像變形金剛般「喀鏘!」合併,而是要使用關鍵字讓兩張表格具有關聯性的記錄合併。

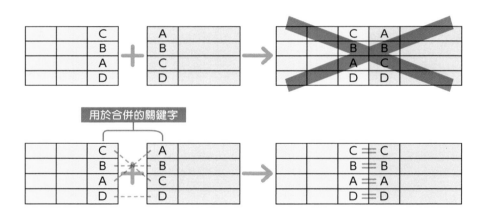

試著合併表格 B 與表格 A 吧!要水平合併表格必須使用 JOIN。

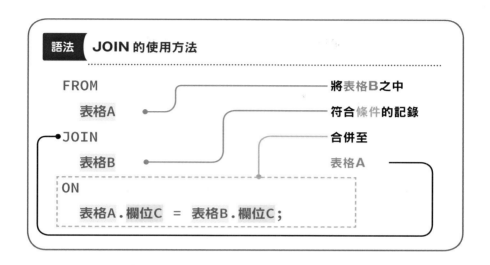

在 FROM 之後指定表格 A，接著再於 JOIN 句撰寫表格 B，最後再於 ON 句撰寫合併表格的條件。

表格 A 與表格 B 都有欄位 C，所以欄位 C 就是合併兩張表格的「關鍵字」。

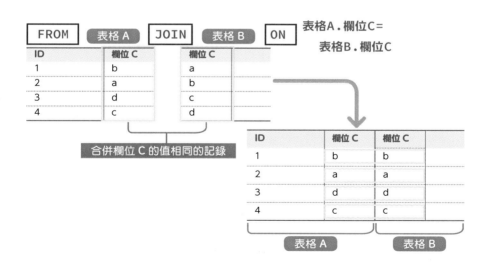

表格 B 會先排序再合併是嗎？

正確來說，是當表格 B 的記錄符合條件，才會與表格 A 的記錄合併。

假設表格 B 之中有符合「表格 A．欄位 C＝表格 B．欄位 C」這個條件的記錄，才會與表格 A 的記錄合併。

我們來實際寫寫看這個合併的程式。

假設我們有顧客資訊的 customer 表格以及儲存顧客會員種類代碼與名稱的 membertype 表格。

customer 表格

customer_id	customer_name	birthday	membertype_id
1	阿部彰	1984-06-24	2
2	石川幸江	1990-07-16	1
3	竹村仁美	1976-03-09	2
4	原和成	1991-05-04	1
5	大川裕子	1993-04-21	2

membertype 表格

membertype_id	membertype
1	一般會員
2	優惠會員

customer 表格的 membertype_id 欄位儲存了各顧客類型的代碼。讓我們試著在取得顧客資訊時，不要顯示會員類型的代碼，而是根據 membertype_id 顯示 membertype 的「一般會員」與「優惠會員」。

讓我們試著以 JOIN 將 membertype 表格合併至 customer 表格。
ON 句的條件為兩邊表格的 membertype_id 一致。

```
SELECT
  *
FROM
  customer AS a
JOIN
  membertype AS b
ON
  a.membertype_id = b.membertype_id;
```

customer_ id	customer_ name	birthday	membertype_ id		membertype_ id	membertype
1	阿部彰	1984-06-24	2		2	優惠會員
2	石川幸江	1990-07-16	1		1	一般會員
3	竹村仁美	1976-03-09	2		2	優惠會員
4	原和成	1991-05-04	1		1	一般會員
5	大川裕子	1993-04-21	2		2	優惠會員

customer 表格　　　　　　　　　　membertype 表格

customer 表格的的第一筆記錄的 membertype_id 為 2，所以 ON
句的條件為「2 = b.membertype_id」。從 membertype 表格取
得符合這個條件的記錄，再將記錄合併至 customer 表格的第一筆
記錄。

之前針對每筆記錄執行處理的是關聯
子查詢啊…

是的，關聯子查詢與 JOIN 很類似，
所以能互相置換。

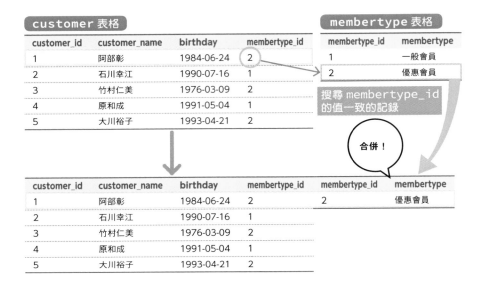

接著再對 customer 表格的第二筆記錄執行相同的處理，以此類推，membertype 表格就會合併至 customer 表格的所有記錄。

02-2 如果沒有符合條件的記錄該怎麼辦？

讓我們試著在 customer 表格新增一筆 membertype_id 為 3 的顧客資訊。

customer_id	customer_name	birthday	membertype_id
6	青木誠一郎	1990-01-01	3

接著仿照剛剛的方法，利用 JOIN 取得顧客資訊的一覽表，但合併結果卻與剛剛一樣。

customer_id	customer_name	birthday	membertype_id	membertype_id	membertype
1	阿部彰	1984-06-24	2	2	優惠會員
5	大川裕子	1993-04-21	2	2	優惠會員

剛剛新增的
顧客呢？

咦？怎麼沒有新增的顧客資訊！

沒有新增的顧客資訊記錄。

其實 JOIN 是 **INNER JOIN** 的簡寫，而 INNER JOIN 又稱為**內部合併**。

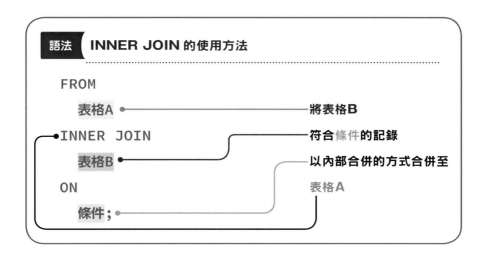

內部合併會在表格 B 沒有符合條件的記錄時，排除表格 A 的記錄。

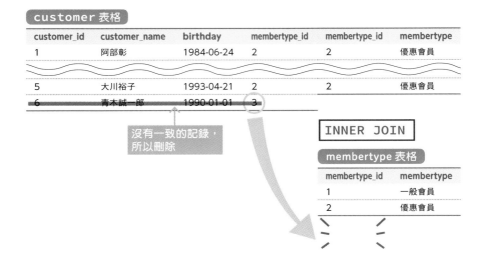

customer 表格

customer_id	customer_name	birthday	membertype_id	membertype_id	membertype
1	阿部彰	1984-06-24	2	2	優惠會員
5	大川裕子	1993-04-21	2	2	優惠會員
6	青木誠一郎	1990-01-01	3		

沒有一致的記錄，
所以刪除

INNER JOIN

membertype 表格

membertype_id	membertype
1	一般會員
2	優惠會員

所以兩邊沒有一致的記錄，表格就無法合併嗎？當然不是，使用其他的合併方法即可。

其他的合併方法也會使用 JOIN。

JOIN 的種類

JOIN 的種類	使用方法	意義
INNER JOIN JOIN	a INNER JOIN b a JOIN b	以內部合併的方式合併表格 a 與表格 b
LEFT OUTER JOIN LEFT JOIN	a LEFT OUTER JOIN b a LEFT JOIN b	以外部合併的方式合併表格 a 與表格 b（以左側的 a 表格優先）
RIGHT OUTER JOIN RIGHT JOIN	a RIGHT OUTER JOIN b a RIGHT JOIN b	以外部合併的方式合併表格 a 與表格 b（以右側的 b 表格優先）
CROSS JOIN	a CROSS JOIN b	合併表格 a 與表格 b 的所有記錄

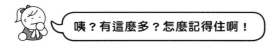

咦？有這麼多？怎麼記得住啊！

記住下面三種與這三種的省略型就夠了。

JOIN 通常會使用省略型的寫法。

```
INNER JOIN          ➡ JOIN
LEFT OUTER JOIN  ➡ LEFT JOIN
RIGHT OUTER JOIN ➡ RIGHT JOIN
```

02-3 使用外部合併

OUTER JOIN 稱為**外部合併**，使用方法與 INNER JOIN 基本上一樣，都是合併符合條件的記錄，但外部合併與內部合併的差異之處在於，就算該記錄只在某一張表格出現，也一樣會取得該筆記錄。

合併表格時，會以其中一邊的表格為優先，如果另一邊的表格沒有符合條件的記錄，就會合併 NULL 的記錄。

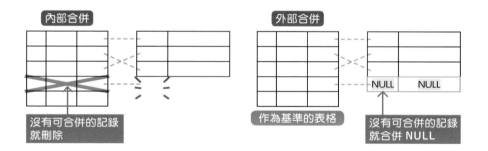

要以哪張表格優先可利用 LEFT 或 RIGHT 指定。LEFT OUTER JOIN 與 RIGHT OUTER JOIN 的 OUTER 通常都會被省略，直接寫成 LEFT JOIN 與 RIGHT JOIN。

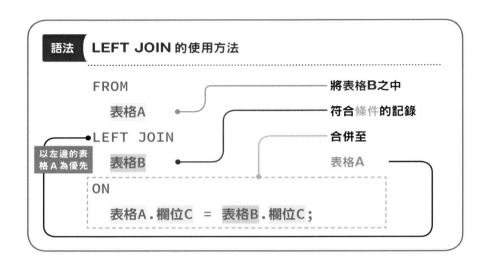

RIGHT JOIN 的使用方法就只是將 LEFT 改寫成 RIGHT 而已。

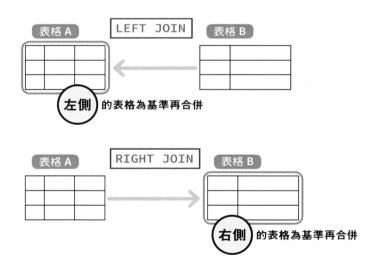

讓我們實際寫寫看這類程式吧！順帶一提，直接指定以 SELECT 句取得的欄位，由於有兩張表格，所以指定欄位時，要指出是哪張表格的欄位。

這次要以 customer 表格為優先，合併 membertype 表格，取得
customer 表格的 customer_id 與 customer_name，以
及 membertype 表格的 membertyp。

```
SELECT
  a.customer_id, a.customer_name, b.membertype
FROM
  customer AS a ←──── 作為基準的表格
LEFT JOIN
  membertype AS b
ON
  a.membertype_id = b.membertype_id;
```

customer_id	customer_name	membertype
1	阿部彰	優惠會員
2	石川幸江	一般會員
3	竹村仁美	優惠會員
4	原和成	一般會員
5	大川裕子	優惠會員
6	青木誠一郎	NULL

當 membertype 表格沒有一致的 membertype_id 時，該筆記錄的
值會全部轉換成 NULL。

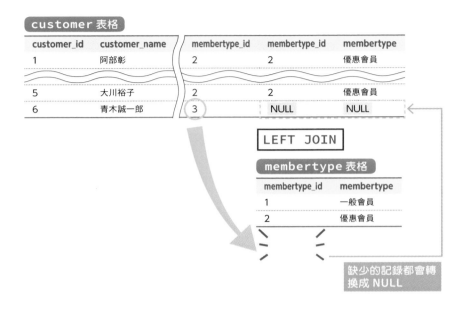

customer 表格

customer_id	customer_name	membertype_id	membertype_id	membertype
1	阿部彰	2	2	優惠會員
5	大川裕子	2	2	優惠會員
6	青木誠一郎	3	NULL	NULL

LEFT JOIN

membertype 表格

membertype_id	membertype
1	一般會員
2	優惠會員

缺少的記錄都會轉
換成 NULL

讓我們試著替基準的表格排序。為了同樣以 customer 表格為基準，這次使用 RIGHT JOIN，使用方法與 LEFT JOIN 完全相同。為了讓結果簡單易懂一些，這次還是取得所有欄位。

```
SELECT
  *
FROM
  membertype AS a
RIGHT JOIN
  customer AS b  ← 作為基準的表格
ON
  a.membertype_id = b.membertype_id;
```

membertype_id	membertype
1	一般會員
1	一般會員
2	優惠會員
2	優惠會員
2	優惠會員
NULL	NULL

membertype 表格

customer_id	customer_name	birthday	membertype_id
2	石川幸江	1990-07-16	1
4	原和成	1991-05-04	1
1	阿部彰	1984-06-24	2
3	竹村仁美	1976-03-09	2
5	大川裕子	1993-04-21	2
6	青木誠一郎	1990-01-01	3

customer 表格

「優先」就是顯示的表格順序會調動對吧？

對啊！表格的排列順序就是在 FROM 句由左至右的撰寫順序。

從結果來看，可以發現 membertype 表格在左側，customer 表格在右側，這與在 FROM 句撰寫的順序一致。利用 LEFT 或 RIGHT 指定「優先」的是合併時作為基準的表格，而不是指定表格的排列順序。

💡 **冷知識**

常使用的 JOIN 是哪種？

合併表格時，都會用到 JOIN，但是若問內部合併與外部合併哪個常用，得看資料的內容以及 SELECT 句的內容。

假設記錄沒那麼多，可使用 LEFT JOIN，也就是左外部合併，合併所有記錄，之後再於 WHERE 句刪減記錄，若記錄很多，則可先利用內部合併刪減記錄，處理的速度才會變快。

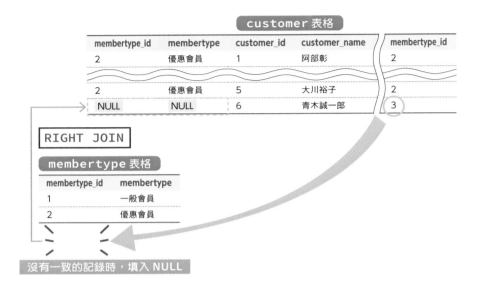

02-4 什麼是 CROSS JOIN ?

CROSS JOIN 就是以合併所有記錄的方式合併表格。由於是無條件合併所有記錄,所以不需要利用 ON 句撰寫合併條件。

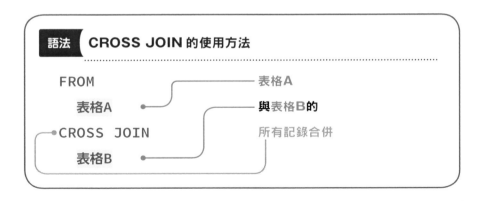

讓我們試著合併 customer 表格與 membertyp 表格的所有記錄。

```sql
SELECT
  *
FROM
  customer
CROSS JOIN
  membertype;
```

customer_ id	customer_ name	birthday	membertype_ id	membertype_ id	membertype
1	阿部彰	1984-06-24	2	1	一般會員
1	阿部彰	1984-06-24	2	2	優惠會員
2	石川幸江	1990-07-16	1	1	一般會員
2	石川幸江	1990-07-16	1	2	優惠會員
5	大川裕子	1993-04-21	2	1	一般會員
5	大川裕子	1993-04-21	2	2	優惠會員
6	青木誠一郎	1990-01-01	3	1	一般會員
6	青木誠一郎	1990-01-01	3	2	優惠會員

customer 表格的所有記錄與 membertype 表格的所有記錄合併了。

customer 表格

customer_id	customer_name	birthday	membertype_id
1	阿部彰	1984-06-24	2
2	石川幸江	1990-07-16	1
⋮	⋮	⋮	⋮

membertype 表格

membertype_id	membertype
1	一般會員
2	優惠會員

全部合併

03 進一步了解表格水平合併的方法

INNER JOIN 與 OUTER JOIN 的合併方法不同，但除了合併方法不同之外，有一些共同的特徵。這節就要帶大家了解 INNER JOIN 與 OUTER JOIN 的共通特徵。

03-1 JOIN 的執行順序是？

INNER JOIN 與 OUTER JOIN 都需要在 ON 句撰寫合併表格的條件。

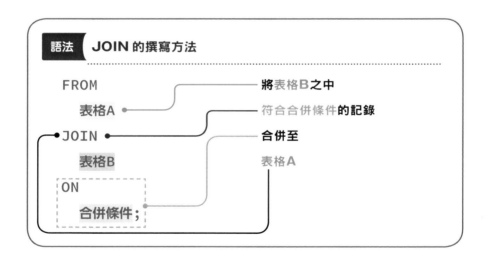

雖然我們會依照 FROM → JOIN → ON 的順序撰寫程式，但執行順序卻是 FROM → ON → JOIN。

ON 與 JOIN 與第 4 章 03-3 的第一張圖的 FROM 句一樣，都是「收集資料」的功能。

撰寫順序

| SELECT | DISTINCT |
| FROM | JOIN | ON |
| WHERE |
| GROUP BY | HAVING |
| ORDER BY | LIMIT | OFFSET |

執行順序

| FROM | ON | JOIN |
| WHERE |
GROUP BY	HAVING
SELECT	DISTINCT
ORDER BY	OFFSET	LIMIT

接著針對 JOIN 合併的表執行 WHERE 句或其他內容。讓我們一起確認執行順序吧！

例句 從 product 表格取得 productorder 表格的 price 小於等於 500 的商品名稱與單價

```
SELECT
  a.order_id, b.product_name, b.price
FROM
  productorder AS a
LEFT JOIN
  product AS b
ON
  a.product_id = b.product_id
WHERE
  a.price <= 500;
```

order_id	product_name	price
5	溫泉之鄉溫布院	120
7	草莓肥皂 100%	150

在 FROM 句之後，會依序執行 WHERE 句與 SELECT 句。

一開始會利用 JOIN 合併 productorder 表格與 product 表格，所以在 WHERE 之後的句子裡，可使用這兩張表格的所有資料。

`ON a.product_id = b.product_id`

❶FROM   `productorder 表格`   `LEFT JOIN`   `product 表格`

order_id	customer_id	product_id	quantity	price	order_time	product_id	product_name	stock	price
1	4	1	12	840	2019-01-13 12:01:34	1	藥用入浴劑	100	70
2	5	3	5	600	2019-10-13 18:11:05	3	溫泉之鄉草津	4	120
3	2	2	2	1400	2019-10-14 10:43:54	2	藥用手皂	23	700
4	3	2	1	700	2019-10-15 23:15:09	2	藥用手皂	23	700
5	1	4	3	360	2019-10-15 23:37:11	4	溫泉之鄉湯布院	23	120
6	5	2	1	700	2019-10-16 01:23:28	2	藥用手皂	23	700
7	1	5	2	300	2019-10-18 12:42:50	5	草莓肥皂 100%	10	150

❷WHERE a.price <= 500

order_id	customer_id	product_id	quantity	price	order_time	product_id	product_name	stock	price
5	1	4	3	360	2019-10-15 23:37:11	4	溫泉之鄉湯布院	23	120
7	1	5	2	300	2019-10-18 12:42:50	5	草莓肥皂 100%	10	150

❸SELECT a.order_id, b.product_name, b.price

order_id	product_name	price
5	溫泉之鄉溫布院	120
7	草莓肥皂 100%	150

由於我們已經學過 JOIN，本書要介紹的語法也都介紹完畢了。接著，就來了解這些語法的撰寫順序與執行順序。

雖然沒寫成執行順序一覽表，但千萬別忘記不是關聯子查詢的子查詢會最先執行這點，而且就算是在先執行的子查詢之中，執行順序的規則也一樣。

就算是在子查詢裡，也是依照 FROM 句 → SELECT 句的順序執行。

之後才依照主查詢的 FROM 句 → WHERE 句 → SELECT 句的順序執行。

03-2 如果有多個記錄符合條件？

到目前為止，我們只學過要合併的記錄只有一筆或不存在的情況，但是當要合併記錄像 CROSS JOIN 這樣有很多筆的時候，會得到什麼結果呢？

我們從 productorder 表格取得顧客的購物資訊，再合併至 customer 表格。有些顧客沒消費過，但有些顧客消費過很多次。

```
SELECT
  a.customer_id, a.customer_name, b.order_id
FROM
  customer AS a
LEFT JOIN
  productorder AS b
ON
  a.customer_id = b.customer_id
ORDER BY
  a.customer_id;
```

customer_id	customer_name	order_id
1	阿部彰	7
1	阿部彰	5
2	石川幸江	3
3	竹村仁美	4
4	原和成	1
5	大川裕子	2
5	大川裕子	6
6	青木誠一郎	NULL

如果顧客消費了很多次，顧客資訊就會相對增加很多筆！

合併表格時，不一定要一筆記錄對應一筆記錄喲。

如果要合併的 productorder 表格的記錄有很多筆與 customer 表格的某筆記錄對應，customer 表格的記錄會以複製的方式增加。

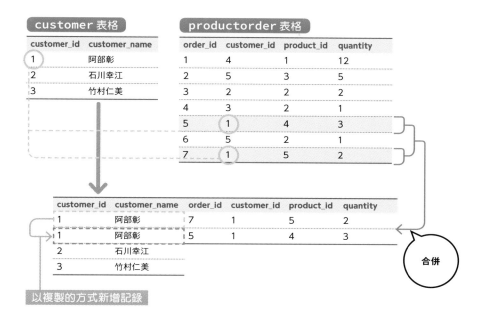

03-3 可在需要的時候才合併表格！

想水平合併兩個以上的表格時，可在每個要合併的表格撰寫 JOIN。

讓我們從 customer 表格取得 customer_id 與 productorder 表格的 customer_id 一致的顧客資訊。還要從 product 表格取得與 product_id 一致的商品資訊。要同時取得這兩項資訊可合併 productorder、customer、product 這三張表格。

```
SELECT
  a.order_id, b.customer_name, c.product_name
FROM
  productorder AS a
LEFT JOIN
  customer AS b
ON
  a.customer_id = b.customer_id
LEFT JOIN
  product AS c
ON
  a.product_id = c.product_id;
```

order_id	customer_name	product_name
1	原和成	藥用入浴劑
2	大川裕子	溫泉之鄉草津
3	石川幸江	藥用手皂
4	竹村仁美	藥用手皂
5	阿部彰	溫泉之鄉湯布院
6	大川裕子	藥用手皂
7	阿部彰	草莓肥皂 100%

productorder			LEFT JOIN	customer		LEFT JOIN	product	
order_id	customer_id	product_id		customer_id	customer_name		product_id	product_name
1	4	1		4	原和成		1	藥用入浴劑
2	5	3		5	大川裕子		3	溫泉之鄉草津
3	2	2		2	石川幸江		2	藥用手皂
4	3	2		3	竹村仁美		2	藥用手皂
5	1	4		1	阿部彰		4	溫泉之鄉湯布院
6	5	2		5	大川裕子		2	藥用手皂
7	1	5		1	阿部彰		5	草莓肥皂 100%

最終我們合併了三張表格。

除了既有的表格之外，JOIN 還能合併其他表格，例如可將子查詢的結果當成表格合併。

讓我們從 productorder 表格取得每位顧客的總購買金額，再與 customer 表格合併看看。

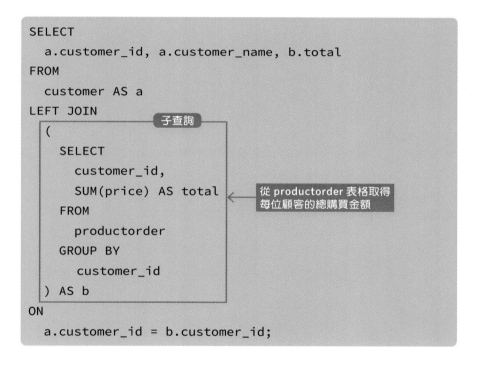

```
SELECT
  a.customer_id, a.customer_name, b.total
FROM
  customer AS a
LEFT JOIN
  (                          子查詢
    SELECT
      customer_id,
      SUM(price) AS total        從 productorder 表格取得
    FROM                         每位顧客的總購買金額
      productorder
    GROUP BY
      customer_id
  ) AS b
ON
  a.customer_id = b.customer_id;
```

customer_id	customer_name	total
1	阿部彰	660
2	石川幸江	1400
3	竹村仁美	700
4	原和成	840
5	大川裕子	1300
6	青木誠一郎	NULL

「從 productorder 表格取得每位顧客的總購買金額」的部分是在子查詢執行。

我們也將子查詢的結果當成表格，並以 JOIN 合併。

customer

LEFT JOIN

```
(SELECT customer_id, SUM(price) AS total
 FROM productorder GROUP BY customer_id)
```

customer_id	customer_name
1	阿部彰
2	石川幸江
3	竹村仁美
4	原和成
5	大川裕子
6	青木誠一郎

customer_id	total
1	660
2	1400
3	700
4	840
5	1300

💡 **冷知識**

SELECT 句該怎麼寫才正確？

從 productorder 表格取得每位顧客的總購買金額，再顯示其他顧客資訊的 SELECT 句，我們已在介紹子查詢的時候介紹過。如果使用 JOIN 的話，子查詢只需要執行一次，但之後就是與 customer 表格合併的作業，所以若記錄不是那麼多筆，其實使用哪一種都可以。

其實 SELECT 不是語法沒錯，就可以隨便寫，但請大家先以自己覺得順手的方式寫。

03-4 合併條件的寫法是？

INNER JOIN 與 OUTER JOIN 一定要在 ON 句撰寫合併條件，但到目前為止寫在 ON 句的合併條件只有「=」運算子，不過，其實還可以使用其他的運算子。此外，寫在 ON 句的合併條件也能透過 AND 運算子與其他條件合併。換言之，寫在 ON 句的合併條件可仿照 WHERE 句的條件撰寫。

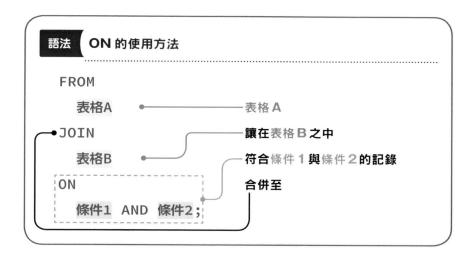

語法 **ON 的使用方法**

```
FROM
    表格A ●───────── 表格 A
 ●JOIN ───────────── 讓在表格 B 之中
    表格B ●───────── 符合條件 1 與條件 2 的記錄
    ON ──────────── 合併至
        條件1 AND 條件2;
```

讓我們從 productorder 表格取得消費金額大於等於 500 元的購物
資訊，再將該資訊合併至 customer 表格。

```
SELECT
  a.customer_id, a.customer_name,
  b.order_id, b.price
FROM
  customer AS a
LEFT JOIN
  productorder AS b
ON
  a.customer_id = b.customer_id AND
  b.price >= 500
ORDER BY
  a.customer_id;
```

customer_id	customer_name	order_id	price
1	阿部彰	NULL	NULL
2	石川幸江	3	1400
3	竹村仁美	4	700
4	原和成	1	840
5	大川裕子	2	600
5	大川裕子	6	700
6	青木誠一郎	NULL	NULL

寫在 ON 句的合併條件為「兩張表格的 customer_id 一致」與「productorder 表格的 price 大於等於 500 元」。

order_id 是 5 與 7 的時候，不符合合併條件，所以沒有與 customer_id 為 1 的記錄合併的記錄，最終才會顯示 NULL。

03-5 使用 ON 還是 USING？

讓我們從 product 表格取得與 productorder 表格的 product_id 一致的商品資訊。

```
SELECT
  a.order_id, b.product_name
FROM
  productorder AS a
LEFT JOIN
  product AS b
ON
  a.product_id = b.product_id;
```

order_id	product_name
1	藥用入浴劑
2	溫泉之鄉草津
3	藥用手皂
4	藥用手皂
5	溫泉之鄉湯布院
6	藥用手皂
7	草莓肥皂 100%

這裡的合併條件雖然是「ON a.product_id = b.product_id」，但其實這部分可使用 **USING** 改寫。

```
SELECT
  a.order_id, b.product_name
FROM
  productorder AS a
LEFT JOIN
  product AS b
USING
  (product_id);
```

USING 的後面可以指定「用於合併的關鍵字」，而這兩張表格都有這個關鍵字。以上面的例子而言，用於合併的關鍵字是 product_id。

USING 只能在兩張表格有相同名稱的欄位，而且這個欄位名稱是用於合併的關鍵字的時候使用。

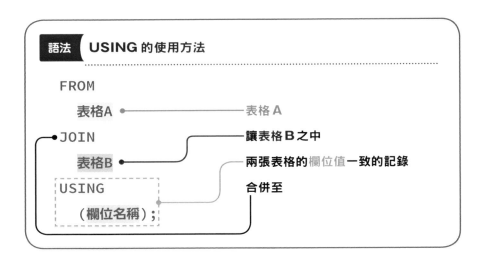

於 USING 指定的欄位一定要寫在括號裡。USING 雖然可讓程式碼變得簡潔，但合併條件只能使用「=」運算子撰寫，所以當兩張表格沒有相同名稱的欄位就無法使用。此外，有些 DBMS 也無法使用 USING，因此以 ON 句撰寫合併條件會是比較好的寫法。

問題 1

對下面這四張表格執行 ①～④ 的 SELECT 句會得到幾筆記錄呢？

eval_1 表格（評估表格 1）

INT 類型	VARCHAR(5) 類型	VARCHAR(1) 類型
eval_id	student	rank_val
1	A001	B
2	A002	A
3	A003	C
4	A004	
5	A005	A

eval_2 表格（評估表格 2）

INT 類型	VARCHAR(5) 類型	VARCHAR(1) 類型
eval_id	student	rank_val
1	A005	D
2	A001	D
3	A002	A
4	A006	B
5	A003	C

eval_student 表格（學生表格）

VARCHAR(5) 類型	VARCHAR(20) 類型
student	student_name
A001	森裕子
A002	今野昭
A003	石橋健司
A004	鶴見克己
A005	東野悠里

eval_rank 表格（評估表格）

VARCHAR(1) 類類型	VARCHAR(5) 型
rank_val	rank_name
A	優
B	良
C	可
D	不可

① SELECT
   *
 FROM
   eval_1
 UNION
 SELECT
   *

```
  FROM
    eval_2;
```

②
```
SELECT
    student, rank_val
FROM
    eval_1
UNION
SELECT
    student, rank_val
FROM
    eval_2;
```

③
```
SELECT
    student, rank_val
FROM
    eval_1
UNION ALL
SELECT
    student, rank_val
FROM
    eval_2;
```

④
```
SELECT
    *
FROM
    eval_student
CROSS JOIN
    eval_rank;
```

問題 2

對問題 1 的表格執行 ①～⑤ 的 SELECT 句會得到什麼結果？請試著寫下來。SELECT 句全部以合併表格的方式撰寫。

① 以沒有重複記錄的前提，垂直合併 eval_1 表格的 rank_val 為 'A' 的記錄與 eval_2 表格的 rank_val 為 'A' 或 'B' 的記錄。

② 取得 eval_2 表格的所有欄位以及從 eval_student 表格取得與 eval_2 表格對應的 student_name。如果沒有對應的 student_name 就不顯示該筆記錄。

③ 取得 eval_1 表格的所有欄位以及從 eval_rank 表格取得與 eval_1 表格對應的 rank_name。就算沒有對應的 rank_name 也顯示該筆記錄。

④ 取得 eval_1 表格的所有欄位，再從 eval_student 表格取得對應的 student_name，接著從 eval_rank 表格取得對應的 rank_name。就算沒有對應的 student_name 與 rank_name 也顯示該筆記錄。

⑤ 利用 USING 改寫 ④ 的程式碼。

問題 3

對問題 1 的表格執行下列的 SELECT 句之後會得到什麼結果，表格 a 與表格 b 在執行之際會變成什麼樣子？請試著寫下來。

```
SELECT
  b.rank_val, b.cnt, c.rank_name
FROM
  (
  SELECT
    a.rank_val, count(*) AS cnt
  FROM
    (
      SELECT
        student, rank_val
      FROM
```

```
        eval_1
      UNION ALL
      SELECT
        student, rank_val
      FROM
        eval_2
    ) AS a
  GROUP BY
    a.rank_val
  HAVING
    a.rank_val IS NOT NULL
  ) AS b
LEFT JOIN
  eval_rank AS c
ON
  b.rank_val = c.rank_val;
```

解 答

```
    SELECT
      *
    FROM
      eval_1
    WHERE
```

```
    rank_val = 'A'
  )
  UNION
  (
    SELECT
      *
    FROM
      eval_2
    WHERE
      rank_val = 'A' OR rank_val = 'B'
  );
```

②
```
SELECT
  a.eval_id, a.student, a.rank_val,
  b.student_name
FROM
  eval_2 AS a
JOIN  ←———— 或改寫成 INNER JOIN
  eval_student AS b
ON
  a.student = b.student;
```

③
```
SELECT
  a.eval_id, a.student, a.rank_val,
  b.rank_name
FROM
  eval_1 AS a
LEFT JOIN  ←———— 或改寫成 LEFT OUTER JOIN
  eval_rank AS b
ON
  a.rank_val = b.rank_val;
```

④ SELECT
　　a.eval_id, a.student, a.rank_val,
　　b.student_name, c.rank_name
　FROM
　　eval_1 AS a
　LEFT JOIN ← ［或改寫成 LEFT OUTER JOIN］
　　eval_student AS b
　ON
　　a.student = b.student
　LEFT JOIN ← ［或改寫成 LEFT OUTER JOIN］
　　eval_rank AS c
　ON
　　a.rank_val = c.rank_val;

⑤ SELECT
　　a.eval_id, a.student, a.rank_val,
　　b.student_name, c.rank_name
　FROM
　　eval_1 AS a
　LEFT JOIN ← ［或改寫成 LEFT OUTER JOIN］
　　eval_student AS b
　USING
　　(student)
　LEFT JOIN ← ［或改寫成 LEFT OUTER JOIN］
　　eval_rank AS c
　USING
　　(rank_val);

問題 3 解答

執行 SELECT 句的結果

rank_val	cnt	rank_name
A	3	優
B	2	良
C	2	尚可
D	2	劣

表格 a

student	rank_val
A001	B
A002	A
A003	C
A004	NULL
A005	A
A005	D
A001	D
A002	A
A006	B
A003	C

表格 b

rank_val	cnt
A	3
B	2
C	2
D	2

索引

圖解 SQL 查詢的基礎知識｜以 MySQL 為例

作　　者：坂下夕里
裝訂．插圖：MORNING GARDEN INC.
編　　輯：山田稔（K's Production）
文字設計：小林麻美（K's Production）
譯　　者：許郁文
企劃編輯：莊吳行世
文字編輯：江雅鈴
設計裝幀：張寶莉
發 行 人：廖文良

發 行 所：碁峰資訊股份有限公司
地　　址：台北市南港區三重路 66 號 7 樓之 6
電　　話：(02)2788-2408
傳　　真：(02)8192-4433
網　　站：www.gotop.com.tw
書　　號：ACD021200
版　　次：2021 年 06 月初版
　　　　　2023 年 03 月初版三刷
建議售價：NT$520

國家圖書館出版品預行編目資料

圖解 SQL 查詢的基礎知識：以 MySQL 為例 / 坂下夕里原著；
　許郁文譯.-- 初版.-- 臺北市：碁峰資訊, 2021.06
　　面；　公分
　　ISBN 978-986-502-860-2(平裝)
　1.資料庫管理系統　2.SQL(電腦程式語言)
312.7565　　　　　　　　　　　　　　　　　110008102

讀者服務

● 感謝您購買碁峰圖書，如果您
對本書的內容或表達上有不清
楚的地方或其他建議，請至碁
峰網站：「聯絡我們」\「圖書問
題」留下您所購買之書籍及問
題。（請註明購買書籍之書號及
書名，以及問題頁數，以便能
儘快為您處理）
http://www.gotop.com.tw

● 售後服務僅限書籍本身內容，
若是軟、硬體問題，請您直接
與軟體廠商聯絡。

● 若於購買書籍後發現有破損、
缺頁、裝訂錯誤之問題，請直
接將書寄回更換，並註明您的
姓名、連絡電話及地址，將有
專人與您連絡補寄商品。